本书获国家自然科学基金项目(71903172)、中央农办农业农村部乡村振兴专家咨询委员会软科学课题(RKX-202001A)、浙江省哲学社会科学规划重大课题(21QNYC05ZD)、浙江省软科学研究计划重点项目(2020C25020)、世界银行PASA项目、浙江大学中国农村发展研究院和ZJU-IFPRI国际发展联合研究中心支持

Technological Progress and
Productivity Analysis in Agriculture

Review and Prospect

———

农业技术进步
与生产率研究

回顾与展望

龚斌磊 等 著

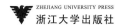

ZHEJIANG UNIVERSITY PRESS
浙江大学出版社

图书在版编目(CIP)数据

农业技术进步与生产率研究：回顾与展望 / 龚斌磊
等著. —杭州：浙江大学出版社，2021.3
ISBN 978-7-308-21142-0

Ⅰ.①农… Ⅱ.①龚… Ⅲ.①农业技术－研究－中
国②农业生产－劳动生产率－研究－中国 Ⅳ.①S
②F323.5

中国版本图书馆 CIP 数据核字(2021)第 040025 号

农业技术进步与生产率研究：回顾与展望

龚斌磊 等著

责任编辑 陈佩钰(yukin_chen@zju.edu.cn)
责任校对 许艺涛
封面设计 雷建军
出版发行 浙江大学出版社
 (杭州市天目山路 148 号 邮政编码 310007)
 (网址:http://www.zjupress.com)
排 版 浙江时代出版服务有限公司
印 刷 浙江省邮电印刷股份有限公司
开 本 710mm×1000mm 1/16
印 张 13.75
字 数 255 千
版 印 次 2021 年 3 月第 1 版 2021 年 3 月第 1 次印刷
书 号 ISBN 978-7-308-21142-0
定 价 68.00 元

序 一

新中国成立七十余年来,我国农业生产力取得了举世瞩目的成就。一方面为粮食安全目标的实现提供了重要保障,另一方面对经济社会的稳定发展起到了压舱石作用。而农业技术进步则是推动农业生产力水平大幅度提升最主要的原因。

在技术进步研究和技术进步对经济增长贡献的测算上,我国农业部门是走在前面的。20 世纪 80 年代开始,农业部门就开展了农业科学技术研究并利用经济评价研究,测算了我国农业科研的社会经济效益;应用国外的索洛余值法,结合我国农业生产实际,测算了我国的广义农业技术进步对农业经济增长的贡献率,并进而设计了具有规范意义、便于普及、可重复验算的我国农业科技进步贡献率的测算方法。同时,广泛开展了农业技术进步理论和测定方法研究,1994年召开了全国农业技术进步测定的理论方法研讨会。许多学者对影响农业技术进步的重要因素进行了测算研究,除了良种、肥料、农机等直接生产要素外,还测算研究了农村政策、科技、教育、水利建设等对农业技术进步的影响程度,对农业技术进步途径和模式进行了深入研究。此外,还对一些重大的农业新技术和新技术体系进行技术经济评价,如我国杂交水稻增产效果和经济效益的国际共同研究。总之,我国的农业技术进步研究已经涉及各个方面。

加强和深化农业技术进步理论和农业技术进步率测算方法的研究十分重要,既有学术价值,又有现实意义。准确测量广义的农业技术进步率,准确测定和分析不同阶段影响农业技术进步率的主要因素,可为政府判断农业经济发展状况提供科学依据,有利于政府更有针对性地出台公共政策,加快农业技术进步步伐,实现农业生产率的可持续增长。

20 世纪 80 年代初,我国产生了一门新兴学科——农业技术经济学。在我国农业技术进步的研究历程中,农业技术经济学得到了快速的发展。

最近,浙江大学龚斌磊团队撰写了《农业技术进步与生产率研究:回顾与展望》一书。龚斌磊是国内发展经济学和农业经济学界的杰出青年学者,在农业经济和农村发展政策研究方面颇有建树。斌磊多次向我咨询农业技术进步与生产率研究的学术问题和历史脉络,并与我对阶段性成果进行讨论。我也一直期待着这本著作的问世。2020 年 12 月,斌磊带着书稿登门拜访,邀请我为本书作序。

本书对新中国成立以来农业技术进步的相关研究进行了系统性梳理,主要分为农业技术进步研究的理论基础、农业技术进步率的测算方法演进、农业技术进步的实证研究总结等部分,并在最后对农业技术进步研究的未来方向进行了展望。对于综述类型的专著,创作过程中构建合理的框架并对学术演进进行客观充分的梳理需要耗费大量精力。因此,综述类著作不好写,但斌磊的团队写好了,值得祝贺!总的来说,我认为这是多年来难得的一部以农业技术进步为主题的著作,内容翔实丰富、结构层次分明,填补了这一领域的空白。对希望了解和致力于从事农业技术进步与生产率研究的广大学者和学生而言,这是一本值得一读的好书。

在阅读完这本书后,我认为它主要有四个特点值得推荐。第一个特点是本书收集的文献资料翔实丰富。这不仅体现在对国内外前沿文献和方法的梳理上,更加难能可贵的是本书对我国早期的农业技术进步研究也非常重视。斌磊作为年轻一代的农经学者,虽没有亲历那个时代,但通过大量文献资料的收集整理和扎实细致的调研考究,基本上条理清晰地展示在书中。

第二个特点是对农业技术进步研究的理论基础进行了整理。做农业技术进步研究的学者很容易犯的一个通病是不重视理论基础,所有的工作完全以计量测算结果为依据。这本书的第二部分用很大的篇幅回顾了农业技术进步研究和生产率测算的理论基础,从亚当·斯密、大卫·李嘉图等古典经济理论先驱的思想到以索洛为代表的新古典经济理论模型的构建,再到近半个世纪以来最新的内生增长理论的演化,本书都进行了细致梳理。这部分内容的设置对于很多农业技术进步领域的学者而言是十分有益的。

第三个特点是对农业技术进步率测算方法进行了全面客观的总结。斌磊和他的团队主要使用随机前沿法,但在总结这部分方法的过程中,本书并不仅仅局限于随机前沿方法,而是从理论基础、计量模型构建、模型的使用条件和相关的实证研究三个方面,对最为经典的索洛余值法、指数法和不断发展的数据包络分析法都进行了详细的介绍,为相关学生和青年学者全面了解目前主流的农业技术进步率测算方法提供了便利。

第四个特点是对农业技术进步和生产率实证研究的综述做了承前启后的梳理,不仅按照时间段和研究专题对相关文献进行了分类整理,同时还对已有研究可能的不足和未来该领域值得突破的方向进行了展望。综述类的作品有时容易只"综"不"述",导致最后只是单纯的回顾,并没有思想性的东西在里面。斌磊自回国开始一直以农业生产率和技术进步为主线开展研究,对本领域的学术前沿和问题有着深刻的见解。他将自己对农业技术进步研究的认识进行了凝练,并将气候变化、信息技术、疫情等新事物也纳入了这部分的讨论,同时提出了一些有待学术界进一步解决的问题。这种观点的分享和交流将有助于推动农业技术进步研究的深入和深化。

农业技术进步和生产率研究需要深入,需要青年学者的加入。在农业技术进步研究中,要立足于国家战略需求,将问题意识和前沿技术相结合,让研究成果接地气、解决问题、测算结果可重复。在农业技术进步研究中,需由众多学者围绕同一问题开展协作研究,就测算方法、变量选择、数据收集处理等深入讨论,共同测算,以提高测算结果的可靠性和可信度。农业技术进步贡献率或农业全要素生产率的测算属于事后评价,但决策部门需要及时了解技术进步贡献率的变化,这就要求学者们关注和做好预测评价。做好预测评价的关键是参数的准确选择,并要接受事后评价的检验。

路漫漫其修远兮,期待更多的学者在我国农业技术进步这一领域继续深耕、求索!

中国农业科学院农业经济研究所原所长

中国农业技术经济学会原会长　朱希刚

2021 年 1 月 6 日

序 二

随着我国经济开始从中高速增长转向高质量发展,这些年,我明显感到"经济高质量发展"作为一个时髦的"热词",正在越来越多地受到理论界、实务界和政界的关注。经济的高质量发展归根结底是各地区各产业的高质量发展,在众多产业门类中,农业作为一个古老而又重要的产业,它的高质量发展状况及其高质量发展机理应当被特别关注。人们对经济高质量发展的讨论很多,但专门讨论农业领域高质量发展的系统性读物很少,作为数十年来深耕农业经济领域的科研工作者,我十分期待有一本系统性介绍农业领域高质量发展的读物能够面世。

我欣喜地看到,浙江大学中国农村发展研究院的龚斌磊团队主动承担起了这项工作,呈现在读者面前的这本名为《农业技术进步与生产率研究:回顾与展望》的书,正是龚斌磊和他的研究团队这些年来对农业高质量发展研究的成果。龚斌磊是农业经济领域新生代学者中的杰出代表,已在学界崭露头角,并得到国内外学者的认可。2019 年,斌磊曾来舍间访问,谈到他准备写一篇关于研究中国农业技术进步的综述文章,我也介绍了前辈学者的研究成果,包括安希伋、沈达尊、朱甸余、朱希刚、郑大豪、贺希萍、展广伟、刘天福、万泽璋等的研究成果。之后斌磊将文稿交于我看,希望我能够提些意见。我回应说读后感觉很好,像这样全面系统地论述七十余年来中国农业技术进步学术研究的文章尚不多见。科学研究总是承前启后的,回顾历史,总结过去,有利于更好地昭示未来。斌磊表示他的团队准备在这篇论文的基础上,编写一本农业技术进步与生产率方面的综述类著作。

在我看来,农经学科研究一定要"顶天立地"。"顶天"就是国际上最先进的理论、最新的成果,要掌握。"立地"就是对中国的实际情况、对基层的情况要了解。究竟农村实际情况是怎样的,不能蜻蜓点水,最好能够深入下去,能够真正了解实际情况。我国农业农村改革经历了跌宕起伏的过程,农林牧渔比重也发生了巨大变化,这些特征都会带来农业总体生产函数的重构问题,这对于刻画与分析快速发展的中国至关重要。但已有文献中较少探讨，其主要原因是西方发达国家生产关系、农业技术和产业结构相对稳定，固定生产函数出现的误差较小。基于中国国情，龚斌磊提出的变系数生产函数和新增长核算法，为更准确地估计包括中国在内的发展中国家的投入产出关系和生产率，进而精准评估经济发展质量并厘清驱动机制提供了新的理论基础和实证工具。斌磊的这项研究创新了经济学理论，解决了中国实际问题，确实做到了"顶天立地"。

《农业技术进步与生产率研究：回顾与展望》一书的最大亮点，就是在于这本书使用技术进步和生产率这一分析工具，从供给侧解构了农业高质量发展这一相对笼统的概念。这一解构，可以使相关领域的学者和学生更加直观地理解农业高质量发展"是什么"。更进一步，对于农经研究人员而言，这一解构方式搭建了生产率研究与经济高质量发展研究的桥梁，有助于我们建立高质量发展与生产率和技术进步之间的联系。生产率作为一个具有较强学术性的词，需要通过经济高质量发展这一公众命题赋予其现实意义，而经济高质量发展则需要通过生产率和技术进步提升它的学理内涵。斌磊的这部作品总体而言实现了理论与现实之间的贯通。

具体而言，这本书分为四个部分。第一部分着重展现农业高质量发展的思想理论源泉，从普遍到特殊，梳理了历史上经济增长与技术进步的一般理论，着重介绍了新古典增长理论和内生增长理论，这也是现阶段研究经济增长和生产率提升相关文献的重要理论基础。在农业领域，这本书梳理了诱致性技术创新理论、农业踏车理论、改造传统农业理论和农业发展阶段与资源互补论的发展过程和应用场景。在第二部分中，斌磊发挥自身专长，全面系统地梳理了农业技术进步率的测算方法，其中既包括较为经典的索洛余值与生产函数法、指数法、数据包络法，也包括更为先进的随机前沿分析法。第三部分从理论转到现实，立足中国实际，梳理了新中国成立以来农业技术进步的若干实证研究，并对农业技术进步的原因展开了分析。斌磊在书中强调了科研投入、制度改革、对外开放等因素对农业技术进步与高质量发展的重要意义，这不仅为实务界促进农业高质量发展提供一定的政策参考，也有利于启发其他研究者，进一步拓展农业技术进步与高质量发展原因分析的研究广度和深度。对于一些重要议题，比如制度变迁、诱致性技术创新以及农业生产率收敛等问题，这本书还进行了专门的讨论。第四部分探讨了农业技术进步与生产率研究领域面临的问题、挑战和改进方法，并对这一领域的研究热点进行了展望。这部分站在国际相关研究的最前沿进行分析和预测，值得农经学者们参考。

总体而言，这本书循序渐进地回答了农业高质量发展"是什么"、"怎么测"、

"中国表现如何"、"如何促进"以及"今后怎么发展"这五个问题,斌磊凭借技术进步与生产率这一内核,将上述五个问题通过这本书紧密地串连在了一起,做到了"顶天"和"立地"。值得一提的是,这本书的副标题是"回顾与展望",我认为它体现了这部作品应有的立意。我们国家正在经历百年未有之大变局,身处于这个时代的每一个人,既需要转身看看前人为我们铺好的道路,也要想想我们需要创造一个什么样的未来,作为农业经济领域的科研工作者也是如此。科学研究总是承前启后的,回顾历史,总结过去,才能更好地昭示未来。斌磊认为自己的工作也只是站在巨人的肩膀上做些微小的贡献,但在我看来,这一贡献已经足够令人喜悦。

是为序。

国务院学位委员会农林经济管理学科组原组长
教育部教材指导委员会农经组原组长
中国农业经济学会原副会长　顾焕章
2021 年 1 月 11 日

目　录

第一章　导　论

农业技术进步不仅是农业增长的持久动力,而且是国民经济发展的关键保障。我国坚持粮食自给自足政策,坚持以粮食(安全)省长责任制为代表的制度设计,要求确保谷物基本自给和口粮绝对安全。在此背景下,我国经济活动需要优先保障农业生产。新中国成立 70 年来,我国粮食生产实现了历史性跨越。1949 年我国粮食产量仅为 2264 亿斤,人均粮食产量为 209 公斤,供给全面短缺,无法满足温饱。经过土地改革和农业合作化,粮食生产有了一定发展,1978年我国粮食产量为 6095 亿斤,人均粮食产量提高到 317 公斤。改革开放后,我国农村逐步建立起以家庭联产承包责任制为基础、统分结合的双层经营体制,激发了广大农民的积极性,粮食产量快速增长。党的十八大以来,党中央高度重视粮食安全,我国粮食生产不断迈上新台阶,2012 年粮食产量首次突破 12000 亿斤大关,2020 年粮食产量为 13390 亿斤,是 1949 年 2264 亿斤的 5.9 倍,年均增长 2.6%,粮食作物单产 382 公斤/亩,是 1949 年 69 公斤/亩的 5.5 倍。真正实现了"中国人要把饭碗端在自己手里,而且要装自己的粮食"的目标。

在确保粮食安全的前提下,更快的农业技术进步意味着对土地、劳动力等投入要素更少的需求。因此,农业技术进步水平直接影响我国可被用于制造业和服务业生产经营的投入要素数量,进而影响我国整体经济的转型、升级和发展。多年来,国家深入实施"藏粮于地、藏粮于技"战略,建设高标准农田,推进农业机械化,加快农业科技创新成果转化。2019 年全国已累计建成高标准农田 7.2 亿亩,粮食产能平均提高 10% 到 20%。"十三五"期间我国农业科技进步贡献率达到 60%,主要农作物实现良种全覆盖,耕种收综合机械化率超过 70%。技术进步极大提升了生产力,在我国农业发展和经济增长中发挥着越来越突出的作用。[1]

---

[1]　数据来源:国家统计局《新中国 60 年统计资料汇编》,韩长赋《提高农业质量效益和竞争力》2020 年 12 月 28 日。

　　21 世纪初,我国颁布《国家中长期科学和技术发展规划纲要(2006—2020年)》,明确将科技进步贡献率指标列入其中,并提出了具体发展目标。党的十九大报告强调科技创新的重要性,提出加快建设创新型国家。2020 年 9 月,习近平总书记在科学家座谈会上再次强调了科技事业的意义,提出两个"更加",即我国经济社会发展和民生改善比过去任何时候都更加需要科学技术解决方案,都更加需要增强创新这个第一动力,表明了我国"十四五"时期以及更长时期的发展对加快科技创新的迫切要求。在农业领域,历年的中央一号文件均将农业科技创新作为实现农业现代化和农业强国梦的战略支撑,要求强化农业科技创新驱动,完善国家农业科技创新体系。2018 年发布的《中国农业农村科技发展报告(2012—2017)》强调,我国农业农村科技工作要面向世界农业科技前沿、面向国家重大需求、面向现代农业建设主战场,不断提升农业农村自主创新能力和科技成果转化应用水平,力争到 2035 年,农业农村科技创新整体实力进入世界前列,全面支撑我国乡村振兴战略和农业农村科技现代化发展。《2020 中国区域农业科技创新能力报告》指出,我国区域农业科技创新能力呈现不均衡态势,提高农业科技创新能力,推动农业高质量发展,需要继续加大农业科技投入力度。

　　从概念上看,农业技术进步有"狭义"与"广义"之分。一般而言,狭义的农业技术进步指生产前沿面随时间提高,是农业硬技术的进步,即农业生产中机械技术、栽培技术、生物化学技术等实体化技术的进步。广义的农业技术进步把农业总产出变动中不能由实物投入要素数量变动所解释的产出变动归因于农业技术进步。因此,广义农业技术进步不仅包括生产前沿面的移动(狭义农业技术进步),还包括农业生产效率、农业经营管理技术、资源合理配置等非实体的软技术进步。改革开放后,学者们对于农业技术进步内涵的理解有所不同。对此,怀谷(1992)和吴方卫(1996)都曾进行了详细梳理。基于已有文献,笔者对其进行整理。

　　在改革开放早期,学者对农业技术进步的界定大都以"狭义"为主,认为技术进步主要表现在机械技术等硬技术的提高。到 20 世纪 80 年代后期,"广义"的农业技术进步逐渐成为主流,被大多数学者所接受。顾海英(1994)从技术本身辨析了"狭义"与"广义"农业技术进步的区别,并认为硬技术与软技术对经济增长的影响是相辅相成的,"狭义"的技术进步是不可能独立存在的,因此"广义"技术进步说更为合理。近年来,农业全要素生产率(TFP)日益受到重视。农业全要素生产率被定义为农业总产量与全部要素投入量之比,其增速是指全部投入要素(如资本、劳动力、土地)数量不变时生产量仍能增加的部分,本质上属于"广义"农业技术进步的范畴,因此部分文献中提到的农业技术进步即指广义农业技术进步,亦是全要素生产率增速。此外,还有一些计量方法(例如,随机前沿分析和数据包络分析)可以将全要素生产率增速分解为技术进步和效率提升两部分,其中技术进步即指狭义农业技术进步,而效率提升则体现农业经营管理技术、资源合理配置等软技术的进步。由此可见,生产率是衡量技术进步的重要指标。鉴于技术进步和生产率的紧密关系,本书将两者结合起来,一起进行研究。

在这一领域,国外学界对于技术进步理论与实践的研究起步较早,在理论基础和实证研究等各方面都具有较高的学习价值和借鉴意义。因此,基于国际视角总结我国农业技术进步与生产率的研究成果,有助于社会各界准确把握当前我国农业技术水平和进步潜力,具有重要的社会意义和政策参考价值。

本书第一部分介绍了农业技术进步的经济学理论基础,包括经济增长与技术进步理论(第二章)和农业增长与技术进步理论(第三章)。这部分从经济思想史视角入手,梳理了前古典经济思想、古典经济学、马克思主义政治经济学与熊彼特经济增长理论中的技术进步思想。然后阐述现代经济增长理论,梳理技术进步在经济增长理论中的内生化过程。最后,这部分聚焦农业部门技术进步和技术扩散的相关理论,包括诱致性技术创新理论、农业踏车理论、改造传统农业理论、农业发展阶段与资源互补论等。

第二章首先考察关于经济增长的早期研究。人们对宏观经济增长的关注和兴趣起起落落,宏观经济增长理论萌芽自重商主义时期的经济增长思想,在亚当·斯密的短暂关注后逐渐式微,并在19世纪末达到关注的最低点。新古典经济学的发展使人们关注微观和比较静态,对增长和动态分析较少研究。马克思主义政治经济学关注资本家与劳动者的经济冲突。20世纪上半叶的经济学家的研究很少涉及增长,约瑟夫·熊彼特是其中为数不多的提出创新与经济增长关系的学者。直到20世纪30年代,大萧条重新引发了学者对宏观经济的关注。哈罗德和多马首先回归到增长分析的框架,研究经济持续增长的条件,但他们的模型推导出的"锋刃上的增长"难以实现。索洛随后对这一结论提出了挑战,他通过放松固定资本劳动比的假定,得出经济体的平衡增长路径,这一理论也被称为新古典增长理论。随后,新古典增长理论因新的内生增长理论而得到补充。在内生增长理论中,技术变革不再被认为是发生在经济模型之外的某种东西,而是研究与开发(R&D)投资的自然结果。内生增长理论允许边际收益递增战胜边际收益递减,其结果是持续的增长,因此内生增长理论也使宏观经济理论成为一种乐观主义。

第三章采用结构和发展的视角,聚焦农业部门技术进步和技术扩散的相关理论。诱致性技术创新理论从技术进步的方向出发,以要素资源禀赋为切入点,提出了"要素资源禀赋差异—要素相对价格差异—农户要素需求差异—技术进步方向差异"的理论框架，将技术进步转变为内生于经济系统的变量，逐渐成为解释各国农业增长和技术进步方向的主要理论。农业踏车理论从技术进步的福利分配角度出发，解释农业技术进步背景下农民收入分配的问题，为分析农业创新的传播提供了另一种可能的方法。它将农村社会学研究中发展起来的一些关于技术采纳行为的概念纳入一个竞争性产业的动态模型中。改造传统农业理论从提高农业生产率角度出发，研究农业研发投资对提升农业生产率的作用，这一理论的提出开创了农业生产率与农业研发的研究分支，半个多世纪以来，众多学者在农业研发的衡量、福利分析、效果评价等方面做出了一系列拓展研究。农业发展阶段与资源互补论关注传统农业向现代农业转型的过程，后续研究通过实证和解释国家间农业生产率差距，以及探究农业生产率对工业发展的影响，发展了这一理论。

本书第二部分整理了农业技术进步率的测算方法，包括索洛余值与生产函数法（第四章）、指数法（第五章）、数据包络分析（第六章）和随机前沿分析（第七章）。按形式设定不同，可以将技术进步率的测算方法分为以索洛余值法和随机前沿分析（SFA）为代表的参数法，以及以指数法和数据包络分析（DEA）为代表的非参数法。参数法经济含义明确但具有较强的函数形式和分布形式的假设，非参数法无须提前设定投入与产出之间的生产函数关系，但经济含义有限且较难控制误差。在四种技术进步率测算方法中，索洛余值法和指数法出现较早，发展历史悠久。近年来，随机前沿分析和数据包络分析成为主流研究方法，主要是因为两者均可构造最优投入产出比的生产前沿面，进而将生产率增速分解为技术进步和效率变动。

第四章介绍了在学界最为广泛使用的索洛余值法，索洛余值法认为总产出增加中不能由资本、劳动力等投入要素增加解释的部分是技术进步导致的，其核心思想是使用产出增长率扣除所有实物投入要素增长率后剩余的部分，进而得到全要素生产率的增长率，即"广义"的技术进步。在此基础上，第四章进一步介绍与索洛余值法结合使用的不同形式设定的生产函数模型，最后评析索洛余值法的优劣及其在农业领域的经典应用。

第五章介绍了在测算技术进步率时广为流行的指数法，该方法的主要原理是运用产出指数与所有投入要素加权指数的比率，进而求得全要素生产率，具体而言，用来计算全要素生产率的指数种类较多，其中 Divisia 指数、Tornquist 指数、Fisher 指数以及 Malmquist 指数的应用较为广泛。这章最后评析指数法的优劣及其在农业领域的经典应用。

第六章介绍了数据包络分析这一典型的非参数前沿技术进步率测算方法，该方法根据各个决策单元不同的投入产出组合，运用数学中线性规划的方法构造出一个代表最优投入产出的生产前沿面，然后比较各个生产者与生产前沿面之间的距离，从而测算出各个生产者的技术效率。这一章进一步介绍了以 CRS-DEA 模型、VRS-DEA 模型和 DEA-Malmquist 模型为代表的数据包络分析模型，最后探讨了数据包络分析的优劣及其在农业领域的经典应用。

第七章介绍了随机前沿分析在技术进步测算中的应用，该方法允许技术无效率存在，并且将误差项分为生产者无法控制的随机误差（随机扰动项）和生产者可以控制的技术误差（技术无效项）。在此基础上，第七章重点探讨了非时变效率和时变效率等不同面板随机前沿模型的函数形式设定与特征，最后评析了随机前沿分析的优劣及其在农业领域的经典应用。

前两部分主要介绍农业技术进步与生产率研究的理论基础和测算方法。第三部分主要聚焦于如何运用现代经济学理论和实证方法研究新中国成立七十年来的农业技术进步问题。这类研究主要分为三个主题：一是测算七十年来不同时期的农业技术进步率，以此作为衡量农业现代化水平的重要指标，具体包括改革开放前的农业技术进步实证研究（第八章）和改革开放以来的农业技术进步率测算（第九章）。二是通过对重要文献和相关政策进行梳理，总结改革开放以来影响农业技术进步的主要原因（第十章）。三是将研究改革开放以来农业技术进步的实证文章按照专题的形式进行了归纳。主要包括中国农业技术进步研究的历史进程、制度演进对农业技术进步的影响、诱致性技术创新理论的中国实践和中国农业生产率收敛研究四个专题（第十一章）。

第八章总结了改革开放前中国农业技术进步的相关研究。关于我国改革开放前农业技术进步的实证研究较少，这一方面是由成熟的农业增长与技术进步理论的成形较晚导致，另一方面也是由 20 世纪 50 年代末期到改革开放前，我国农业发展批判"经济主义"、不重视经济效益导致。改革开放以来，部分文献对改革开放前中国的农业技术进步情况进行了回顾和分析。学界普遍认为，这一时期的农业技术进步总体是停滞的，停滞的主要原因，一是农业科研实力、高端技术人员与农业科研投入等硬技术的严重短缺，二是经济体制、经济政策、农业管理等软性技术的落后。

第九章回顾和讨论了改革开放以来中国农业技术进步的相关研究。以党的十一届三中全会为标志，中国进入了改革开放新时期。这一时期，以家庭联产承包责任制为代表的农村制度改革不仅带来了农业部门的迅速发展，而且成为这一时期中国经济增长奇迹的重要推动力。我国开始以经济建设为中心，重视经济增长和经济效益。经济发展的速度和质量开始引起了全社会的关注,催生了相关研究的发展。同时,相关测算技术的不断成熟进步,为中国学者透视我国农业发展质量提供了一个重要的窗口。此外,中国的农业农村改革和由此带来的迅速增长引起了世界农经界的关注,为世界农经界的研究提供了鲜活的素材。在这一时期,以朱希刚、顾焕章为代表的国内前辈使用新方法,实现了"六五"到"九五"期间的农业技术进步贡献率的测算,为后续研究提供了重要参考指标。以林毅夫、樊胜根、黄季焜等为代表的第一代海归学者和以科林·卡特(Colin Carter)和罗斯高(Scott Rozelle)为代表的海外知名学者利用与国际接轨的先进研究技术,对这一时期的中国农业技术进步率进行了测算,并对不同阶段农业技术进步率变化的原因进行了剖析。总而言之,这一时期中国农业技术进步的研究发展迅猛。

第十章总结了改革开放以来影响中国农业技术进步的主要因素,试图进一步挖掘中国农业发展背后的逻辑。科研投入是农业技术进步最主要的动力。对它进行的研究中,一部分将科研投入作为整体,估算科研投入对农业技术进步率的影响程度;另一部分则以具体的某项农业技术为例,实证评估了该项技术对农业技术进步率的影响。制度改革是农业技术进步(广义)的又一重要因素,制度改革又可以分为农业技术研发与推广体系的改革、要素市场制度扭曲的改善两个方面。除了科研投入和制度改革之外,学者们还研究了公共基础设施(如农业灌溉设施等)、土地规模、劳动力转移、人力资本(如农民教育等)等因素对农业技术进步率的影响。

第十一章对我国农业技术进步实证研究的重大专题和关键问题进行了系统性地梳理。首先,这一章梳理了改革开放以来我国农业技术进步研究的历史进程。研究发现,国内对农业技术进步的研究起步于 20 世纪 80 年代早期,国内前辈在这一时期就农业技术进步的方向和瓶颈进行了广泛的探讨。20 世纪 90 年代开始,中国农业技术进步研究逐渐由定性走向定量,从研究相关关系向研究因果关系转换。其次,这一章在第十章的基础上进一步总结了学界最为关注的制度演进对农业技术进步的影响。围绕家庭联产承包责任制这一改革开放以来最为重要的农业领域制度变革,将其对经济绩效影响的研究分为两个阶段:第一阶段的研究主要集中于测算家庭联产承包责任制对农业发展的贡献率;第二阶段的研究在第一阶段研究的基础上将农业绩效指标从农业(或粮食)总产值向全要素生产率转换,并进一步考虑了制度变迁的内生性问题。再次,考虑到诱致性技术创新理论是中国农业技术进步实证研究的重要理论支撑。本章还对诱致性技术创新理论的中国实践进行系统性梳理。本书以 2004 年为界,将诱致性技术创新理论在中国农业发展中的运用分为前后两个阶段。研究发现,在第一个阶段,由于大量的劳动力附着于土地,土地的边际生产价值更高,这一阶段的技术进步主要着眼于以杂交稻为代表的农业种子技术的进步和发展。第二阶段,随着农村剩余劳动力的消失,农业劳动力的价格不断上涨,机械替代劳动力成为这一阶段农业发展的主要特征。最后,考虑到我国区域差距较大这一客观事实,这一章还以农业技术进步率为分析指标,总结梳理了中国农业生产率收敛这一问题的相关研究。这一系列的研究不仅能够评估落后地区的农业是否正在接近发达地区,而且还能分析在哪些条件下落后地区可以享受农业发展的"后发优势",是国家农业相关政策制定的重要参考。

第四部分基于前三部分的文献综述,指出现有农业技术进步和生产率研究中面临的挑战并给出可能的解决途径,进而对未来研究的热点进行预测与展望,梳理这些热点领域已有的研究基础,最后给出研究结论。具体而言,这一部分主要包括现有研究存在的问题与可能的改进方法(第十二章)、未来研究热点展望(第十三章)和总结(第十四章)三章。

第十二章梳理了现有文献在测算我国农业技术进步和生产率时存在的问题,指出了目前学界的争论之处,随后给出了可能的解决方法。要想准确测算农业技术进步和生产率情况,理论模型、实证方法和数据三方面缺一不可。然而既有文献在这三个方面都存在一定的问题。对于理论模型而言,一方面,现有文献仍然沿用传统的新古典增长模型,然而随着内生增长理论和诱致性技术创新理论的发展,现有固定系数生产函数模型已经脱节,因此发展适合上述理论的计量模型至关重要。另一方面,传统的增长核算模型只是将产出增长进行了简单分解,而将所有可能的影响途径归结在用索洛余值衡量的全要素生产率增长中。打开"索洛余值"的黑箱,厘清技术进步的驱动机制,成为从理论上拓展技术进步测算的重要研究分支。对于实证方法而言,一方面,随机前沿分析和数据包络分析两种方法都存在一定的不足和缺陷,如何克服这两种方法上的不足至关重要。另一方面,如何根据研究对象的特性,在确定随机前沿分析或数据包括分析方法后选择具体的模型设定,也影响着估计的准确性。对于数据而言,测算农业技术进步时,一方面要思考如何科学界定投入产出变量,另一方面要思考这些数据能否真正刻画农业生产的投入和产出。而现有文献在投入产出变量的匹配性、投入要素的变量遗漏、数据测量的偏误,以及对其他因素的界定四个方面仍需要改进。

第十三章提出了未来农业技术进步和生产率研究的四个前沿热点问题:(1)气候变迁与气象灾害对农业生产的影响。农业对自然环境高度的依赖性以及自然环境变迁和气象事件冲击程度加重的双重背景，使人们不得不关注气候变化和气象灾害对农业的影响。这一领域的研究内容主要围绕单一气候要素（比如降水、气温）或综合性气候要素以及气象灾害对农业要素投入、单产、生产率、粮食安全、农业生产的短期与长期适应性等重要议题。（2）传染病与重大公共卫生事件对农业发展的影响。2020年新冠肺炎疫情引发了人们对重大公共卫生事件的关注，作为各经济部门中与人类生命健康直接相关的农业部门，传染病疫情对农业部门的影响尤为关键。学术界以重大公共卫生事件对投入要素和生产率的影响为切入口，研究了这些事件对农业生产的短期和长期影响。（3）农业生产中的空间相关性问题。随着中国不同地区间农业发展呈现出越来越明显的空间相关性，加之空间计量经济学相关技术的日益成熟，越来越多的研究开始考察农业生产的空间效应，研究诸如区域间竞争、区域间要素禀赋和产业结构差异等因素对农业生产率以及农业合作等方面的影响。（4）信息技术与数字经济对"三农"的影响。近年来，信息技术和数字经济对"三农"的影响成为发展经济学和农业经济学中迅速兴起的一个重要课题。学界围绕这一议题，研究了宏观层面信息技术和数字经济对区域农业生产率的影响，以及微观层面信息技术与数字经济对微观主体福利的影响。

第十四章总结本书各部分内容。这一章首先对农业技术进步与生产率研究的理论基础、测算方法以及实证研究进行简短梳理，随后又概括了现有研究存在的一系列问题和可能改进的方向，最后对未来研究热点进行了展望。这一章略去了复杂的推导过程，只将最终结论进行了呈现。读者通过阅读这一章内容，可以对全书的脉络进行全面回顾和再次把握。

参考文献

[1] 顾海英. 农业技术进步的内涵与作用探讨. 农业技术经济，1994，000（004）：24-27.

[2] 怀谷. 农业剩余劳动力转移研究综述. 社会科学家，1992（5）：25-31.

[3] 吴方卫. 农业技术进步的概念、度量及其存在问题. 农业技术经济，1996（2）：31-35.

第一部分

农业技术进步的经济学理论基础

农业技术进步的理论基础来自现代经济增长理论。现代增长理论关注的话题始终是经济增长的源泉，以及如何维持长期的经济增长。在这一话题下，技术进步讨论占据了其中的大篇幅。现如今我们对宏观经济学框架下的增长问题格外熟悉，却忽视了早期的学者们（亚当·斯密甚至更早）对经济增长和技术进步的关注。翻开任何一本经济思想史的教科书，都不难发现其中不同流派、不同时代的学者对于增长和技术进步的见解。因此本书第一部分在介绍具体农业技术进步理论（第三章）之前，选择先抛开理论本身，梳理增长理论乃至更早的增长思想形成的背景、缘由、脉络（第二章第一节），带领本书读者了解增长和技术进步的"前世故事"。随后，在第二章第二节，本书选择沿着增长和技术进步理论的发展和修正道路，介绍具体的三类增长模型——古典增长模型、新古典增长模型和内生增长模型。在第三章，本书基于结构和发展的视角，聚焦整体经济中农业部门技术进步和技术扩散的相关理论，包括诱致性技术创新理论、农业踏车理论、改造传统农业理论、农业发展阶段与资源互补论，有侧重地介绍这些理论的后续发展和实证研究。

第二章　经济增长与技术进步理论

一、经济思想史中增长与技术进步的渊源

15世纪后期,随着社会生产力的发展,资本主义生产制度成为社会主要的生产方式。财富积累问题得到了当时重商主义学者的关注,经济增长理论由此萌芽。在前人和同时代学者,如威廉·配第(William Petty)、坎蒂隆(Richard Cantillon)、魁奈(Francois Quesnay)等人的影响下,亚当·斯密(Adam Smith)作为古典经济学派的代表,从分工、交换、市场等微观视角入手对宏观经济增长问题加以分析。然而,在亚当·斯密之后,经济增长和劳动分工问题在古典主义与新古典主义后期未得到充分关注。马尔萨斯(Thomas Robert Malthus)对经济增长持悲观态度,大卫·李嘉图(David Ricardo)虽然研究的也是以劳动分工为基础的社会财富增长问题,但他将研究重心转向收入分配问题,使经济学界从共同关注经济增长问题转向关注不同时期收入分配变化的问题。新古典经济学的发展使人们重视微观和比较静态分析,远离增长和动态分析。而马克思主义政治经济学则关注资本家与劳动者的经济冲突。20世纪上半叶的经济学家的研究很少涉及增长,约瑟夫·熊彼特(Joseph Alois Schumpeter)是其中为数不多的提出创新与经济增长关系的学者。本节从经济思想史角度对亚当·斯密前的经济增长思想、古典经济学、马克思主义政治经济学与熊彼特的经济增长和技术进步思想进行梳理。

(一)亚当·斯密前的经济增长思想

一般认为当代经济理论始于1776年亚当·斯密发表的《国民财富的性质和原因的研究》(以下简称《国富论》),他在《国富论》中将一国的国民总收入看作政治和经济力量的基础,并从劳动分工、市场规模和商品交换等角度入手,分析和

解释经济体的运行,是最早提出较为系统的经济增长思想的学者。理解经济思想史中的经济增长和技术进步思想,必不会忽视亚当·斯密和他的《国富论》。然而斯密却并不是第一个认识到劳动分工的学者,也并非首位关注国民财富增长的学者。斯密的经济思想是在批判和吸纳早期学者基础上形成的,他在《国富论》中花了大量篇幅批评重商主义。在理解斯密经济增长思想之前,我们有必要了解斯密之前的经济思想形成脉络,关注那些对斯密思想的形成有重要意义的先驱思想。经济思想史学者兰德雷斯将亚当·斯密之前的时期称为"前古典阶段(Preclassical Period)"。从时间上来看,涵盖公元前 800 年至 1776 年,主要包括:希腊思想,例如,色诺芬(Xenophon)、柏拉图(Plato)、亚里士多德(Aristotéles);经院哲学,例如,托马斯·阿奎那(Thomas Aquinas);重商主义,例如,托马斯·曼(Thomas Mun);重农主义,例如,佛朗索瓦·魁奈(Francois Quesnay)等。

1. 早期前古典阶段中的劳动分工思想

早在古希腊奴隶制时期,色诺芬、柏拉图等学者就认识到了劳动分工的重要性,但其研究的侧重点并不是论述劳动分工提高了生产效率从而实现经济增长。色诺芬是古希腊奴隶主阶级的史学家,在经济方面主要关注的是奴隶主如何进行家庭生产经营和财产管理,他的价值观倾向维护奴隶制经济体系的稳定和繁荣(兰德雷斯,2014),他对劳动分工的认识体现在考察分工提升产品的质量。柏拉图生活在古希腊奴隶制城邦社会动荡、阶级矛盾尖锐的时期,他在《理想国》中对社会分工和国家的产生进行了论述,但他强调并不是分工本身引起了效率提高,而是人内在能力的差别使得分工成为推动国家产生和社会阶层稳定的因素。

罗马帝国衰落后,西欧的奴隶制逐渐式微,封建制成为中世纪西罗马帝国消亡(公元 476 年)至东罗马帝国灭亡(公元 1453 年)这 1000 多年间主要的社会经济形态。宗教被用于确立某些道德上的约束和规范,虽然《圣经》中大量谴责私产和追求财富的思想在以阿奎那为代表的经院哲学家们的辩护下有所缓和,但这一时期个人活动仍然受制于封建社会的习俗和教会的权威,经济增长的思想未见萌芽。

2. 重商主义与重农主义中的经济增长思想萌芽

15 世纪后期,随着社会生产力的进步以及航海业的发展,商品和海外贸易越来越活跃,资本主义生产制度成为社会主要生产方式,商人资本家成为社会主要阶层,重商主义思潮开始流行。重商主义者是最早一批专门关注经济领域的群体,但是并没有系统性地建立起一门学科。主要由商人群体构成的重商主义者们非常重视自己的商业利益以及与其相关的经济政策问题,他们企图说服政府应以增加本国财富和追求国家权力为目的,但他们理解的财富仅仅是以金银货币来衡量的,因此重商主义鼓励本国商品出口,主张采取关税、配额等手段限制进口,反对黄金白银的外流以追求贸易顺差,最终实现国家财富的积累和权力的扩大。虽然现在看来重商主义对财富的理解过于片面,只注重了经济的流通领域,忽视了生产和消费的作用,但不可否认的是重商主义时期以国内金银货币增长为目标的主张体现了经济增长的思想。重商主义者对经济增长的基本观点在于,他们自始至终都认为是金银货币数量而非实际投入要素(如资本和劳动者数量、资源禀赋等因素)决定了财富积累(经济增长),他们相信实际产量水平的变动是由货币数量的变动导致的,这一点和以亚当·斯密为代表的古典学派的观点完全相反。

重商主义后期出现了一批学者,如威廉·配第、理查德·坎蒂隆等哲学家。他们的经济思想某种程度上虽然也是重商主义的,但他们对财富、价值和货币的理解加深,也逐渐将研究从流通领域转到生产领域,开始考察资本主义生产的内部联系和自然规律,大大提升了经济分析质量,是古典政治经济学的直接先驱。在增长思想方面,威廉·配第最先提出了劳动价值论,认为分工可以促进劳动生产率提高,结合分工和市场的需要,他认为决定经济增长的因素是土地和人口的素质以及人口密度;除此之外,地理位置、产业结构和政策也是影响经济增长的重要因素。他还首次发现了经济发展过程中产业变动的规律,后来被称为配第-克拉克定律。坎蒂隆首先对社会总资本的再生产和流通问题进行了研究,实际上也是经济增长问题。他的著作《商业性质概论》被认为是《国富论》之前最伟大的经济学著作,影响了魁奈和亚当·斯密对再生产问题的研究。

由于重商主义压制了国内农业、手工业部门的生产,国内经济严重衰退,农业生产遭到破坏,因此对抗重商主义的重农主义在18世纪的法国逐渐兴起,斯密也曾在法国游学期间受到重农学派的影响。重农学派批判重商主义过度追求货币和贸易顺差而导致国内农业受到严重打击,他们认为增进国民财富必须依靠农业生产,主张经济自由,以及维护自然秩序。重农学派代表人物魁奈在著作《经济表》中将社会分为农业和工业两个部门,考察了宏观经济层面的社会再生产和流通过程。这是一个类似于投入产出和总需求管理的理论,可以认为是经济思想史上的第一个经济增长模型,对马克思的再生产理论、瓦尔拉斯一般均衡和里昂惕夫投入产出分析的出现具有重要启示,对宏观经济理论做出了突出贡献。

(二)古典政治经济学的经济增长与技术进步思想

18世纪中叶产业革命促进了社会生产力的发展,伴随着市场的扩大和分工的细化,主导生产和占有更多剩余价值的资本主义经济规律发挥着更大的作用。如何提高劳动生产率以及获得更多剩余价值,实现国民财富积累成为当时社会的重要议题。亚当·斯密、大卫·李嘉图和马尔萨斯等古典学派在批判继承重商主义、重农主义等前人经济思想的基础上对增长和财富积累问题进行了深入且科学的研究,致力于发掘影响宏观经济增长率的因素,形成了较为系统的经济增长思想。与凯恩斯主义不同,古典学派关注的不是经济体是否达到了资源充分利用的水平,而是假设经济体已经在这一水平上运行,在此基础上研究市场和价格机制如何发挥作用。

和斯密同时期的英国哲学家大卫·休谟(David Hume)在其著作《政治论丛》中基于货币数量论和自由贸易主张批判了重商主义长期保持贸易顺差的目标,他重视工业和技术的发展,提到国际贸易将从商品交换发展为技术交换,自由竞争可以促进技术进步从而促进各国产业的发展。他关于自由贸易和国际货币流动的思想直接影响到斯密"看不见的手"的市场自动均衡思想。

在前人和同时代学者的影响下,亚当·斯密作为古典经济学派的代表,从分工、交换、市场等微观视角入手对宏观经济增长问题加以分析。他的基本观点是,国民财富是生产性劳动或有用劳动的产物,劳动是财富的源泉,劳动生产率和从事"有用的和生产的"工人数量在经济增长中至关重要。劳动生产率取决于分工和提高专业化程度,而分工和专业化程度取决于市场规模和资本积累。斯密不是第一个关注到劳动分工的学者,在他之前远至色诺芬、柏拉图,近到配第都发现了分工的作用,但斯密是第一个以劳动分工为分析核心的经济学家。同时也可以看到,斯密强调虽然劳动分工的作用重大,但为了实现劳动分工,资本家必须追加生产性投资以购买工具、原材料和支付工资,所以资本仍然是经济增长的发动机,在这一点上,斯密逐渐滑向了"资本决定论"。此外,斯密肯定了国际贸易对经济增长的作用,不同于重商主义追求的贸易顺差,斯密仍然从分工和专业化的角度出发,认为各国存在以二者为基础的"绝对优势",这对双方的经济增长都有利,他还认为国际贸易会促进市场规模的扩大,并进一步促进劳动分工和提高专业化程度。斯密重视分工、资本与国际贸易对劳动生产率进而对经济增长的促进作用,确立了一种以"生产率为核心、资本为决定性因素、生产供给为主要分析角度"的经济增长理论(谢识予,2005)。尽管现在看来斯密的理论存在一些缺陷,例如放大了资本的作用而忽视了人在创新方面的主观努力,但他的增长思想具有很强的系统性和科学性，成为长期以来研究经济增长的基础，在后世以总量生产函数为研究起点的新古典增长理论和以技术进步为核心的内生增长理论中也有所体现。

与斯密不同，马尔萨斯重视经济增长中人的主观努力，他认为人类需求诱致了发明创造，导致了技术进步，进而降低产品成本并扩大市场，这是经济增长的重要保障。但是，马尔萨斯认为发明创造和技术进步导致的增长将低于人口的增长，因此经济最终将陷入贫困陷阱（"马尔萨斯陷阱"）。

作为斯密的继承者，李嘉图研究的也是以劳动分工为基础的社会财富增长问题，但与斯密不同，他将研究重心转向收入分配问题，使经济学界从几乎共同关注经济增长问题转向关注不同时期收入分配变化的问题。他认为经济增长是扣除了工资、利润和地租之后的剩余积累导致的，他假定技术、生产水平和工资率既定，因此剩余的是地租与利润间的分配。李嘉图对经济增长的态度比较悲观，他将农业生产的边际收益递减引入分析框架，认为由于土地数量有限，且质量上存在差异，人们先耕种较肥沃的土地，但随着人口增长，人们开始耕种一般的土地，同等数量的资本和劳动就会得到更少的产出，农产品价格上升，为保持工人的生计，工资也由此增加，利润率降低。虽然工业中的技术进步可以实现要素边际生产率递增，但农业中技术进步采纳较慢，不足以弥补投入要素边际生产率递减的速度，综合来看整体经济长期还是会呈现收益递减的趋势。斯密和李嘉图虽然都强调技术进步，但斯密主要关注劳动分工对生产力的影响，而李嘉图更重视劳动工具的改造和变革，还考察了机器引进对农业的影响。

（三）马克思主义政治经济学与增长

马克思在经济思想史上第一次确立了社会总资本再生产和流通的科学体系（吴易风，2000），这是对古典经济学批判继承的结果。马克思和古典经济学之间最重要的分歧是意识形态上的观点抵触。古典学派发现，资本家追求利润的动机导致经济体中资本的有效配置，并引起储蓄，这将促进经济的增长和财富的增加。马克思则将资本家的活动看作是最终有害于无产阶级和社会的，他提出了"产业后备军"（超出工业部门雇佣生产工人的剩余劳动力）的概念。他认为一方面资本主义生产方式使自我雇佣的生产者源源不断地成为后备军，另一方面资本家通过大规模机械化生产替代劳动，两方面的结合使缓慢增长的就业不足以吸收增加的后备军。在后备军始终存在的情况下，资本家可以以较低的工资率维持高利润率和高资本积累率。因此资本主义生产方式的增长必然带来收入分配不均的结果。他采用再生产图示的分析工具否定了古典经济学体系中利润的存在，这其实就是现代西方经济学的长期动态分析法，罗宾逊（Robinson，1963）和多马（Domar，1983）都肯定了马克思的增长理论与现代经济增长模型（如哈罗德-多马模型）与动态分析法的联系。

马克思在《资本论》等著作中对于农业技术进步也有所阐述（龚斌磊等，2020）。首先，与李嘉图相似，马克思也认为，与其他产业相比，农业技术进步较慢。究其原因，马克思在《资本论》中提到，农业技术涉及有机物与无机物世界，而农业经济再生产与自然再生产的特性，决定了农业技术进步的复杂性。其次，马克思强调生物学技术在农业生产中的重要性，为此他曾举例，通过照料方法的改变，可以使牲畜在较短时间内成长起来。第三，马克思提出，土地肥力取决于农业化学的发展和农业机械的发展。由此可见，除了生物技术，马克思也强调了农业机械的重要性，而生物技术和农业机械恰恰是现代农业技术进步的主要表现（许经勇，2007）。

（四）熊彼特与增长

与古典学派和马克思的观点不同，熊彼特并不认为是资本积累拉动了经济增长，在他看来，"创造性破坏"是资本主义的本质，而资本主义如何创造并破坏经济结构是应该研究的问题。他认为经济结构的创新不是通过价格竞争而是通过创新竞争而实现的，每次的大规模创新在淘汰古老技术和体系的同时都会建立起新的生产体系。熊彼特首次明确提出技术创新理论，认为企业家的创新活动才是经济增长的引擎。熊彼特定义的创新是企业家通过自己的想法创造出新的生产资源组合并使利润增加的过程，从事创新的企业家是追求超额利润的风险承担者，一项成功的创新会在经济体中扩散，为经济增长带来动力。因此经济增长也受到企业家创新活动的制度激励，熊彼特认为在失去创新的情况下，市场竞争会使得所有部门失去超额利润，使经济进入长期均衡下的停滞。值得注意的是，熊彼特增长思想在 20 世纪 80 年代发展出两个分支，被后世总结为新古典熊彼特增长理论和演化熊彼特增长理论（Dinopoulos and Segerstrom，2006；Dinopoulos and Senner，2007；严成樑和龚六堂，2009）。

在新古典熊彼特增长理论的框架下，熊彼特认为内生的新产品和新方法推动了经济增长（严成樑和龚六堂，2009）。主要包含以下三方面的内容：首先，企业为了追求垄断利润，有创新和生产新产品以及使用新方法的动机。其次，创新是创造性毁灭（creative destruction）的过程，一家企业的创新成功意味着拥有了垄断的权力，获得垄断利润，也会将其他企业挤出市场，但这是暂时的，未来还会有创新成功的其他企业重复这一过程。最后，创造性毁灭的过程是推动经济发展的动力。20 世纪 90 年代,Segerstrom et al.(1990)、Grossman and Helpman (1991)、Aghion and Howitt(1992)等人在新古典框架下将熊彼特"创造性破坏"的思想纳入经济增长理论并对其进行模型化,逐渐发展成为内生增长理论的一支重要文献,我们会在"内生增长理论:技术进步的内生过程"(第二章第二部分第三节)对这支文献进行介绍。简单来说,新古典框架下的熊彼特增长理论认为,实现经济增长的机制是:厂商为了获得垄断利润而增加研发支出,促进了知识存量的增加,推动了技术创新,并进一步推动了新产品和新方法的出现与使用,最终促进经济增长。

在演化熊彼特增长理论的框架下,熊彼特关注的是异质性和结构变迁(刘志铭和郭惠武,2007;刘志铭和郭惠武,2008)。他把创新理论与达尔文的进化论联系起来,认为人类社会的演化根植于过去的经验、传统和习惯,企业家可以通过选择有效技术带动人类新观念的形成从而推动社会演化。熊彼特认为创新活动类似于生物学中的"突变",创新就是不断破坏旧结构、创造新结构的过程(靳涛,2002)。20 世纪 80 年代的演化经济学为熊彼特的思想提供了分析工具,Nelson and Winter(1982)引入选择过程和有限理性,构建了以经济个体"惯例—搜寻"活动及竞争关系为基础的分析框架,解释了熊彼特的经济变迁思想。

二、现代经济增长理论及技术进步

现代经济增长理论开端于哈罗德(Roy Forbes Harrod)和多马(Evsey David Domar),并受到凯恩斯《就业、利息和货币通论》(John Maynard Keynes,1936)的影响。哈罗德和多马先后于 1939 年和 1946 年各自发表了论文,两位学者分别独立推演出极为类似的经济增长模型,学术界习惯上将上述两位学者提出的模型合称为"哈罗德-多马模型",现代经济增长理论的初始框架由此奠定。20 世纪 50 年代,索洛和斯旺在总量分析的框架下利用完全竞争的生产者理论,对哈罗德-多马模型进行改进,将技术进步率这一外生变量引入模型,奠定了新古典增长理论的基础。除此之外,索洛还开创了增长核算方程,引发了这一领域的实证热潮(龚斌磊,2018;Zhang et al.,2020)。然而新古典增长模型也存在种种缺陷,其中备受诟病的是它假定边际收益递减,将经济增长的动力归结于外生的技术因素,而不去探讨技术进步产生的原因和各国技术进步率的差别。新古典增长模型的缺陷引发了学者们对经济增长引擎的进一步探索。20 世纪 80 年代,以罗默(Paul Michael Romer)、卢卡斯(Robert Emerson Lucas)为代表的内生增长理论在探讨经济长期增长的引擎方面做出了重要贡献。这一时期的学者秉持经济增长并非由外生因素决定的共识,考察了知识溢出(Arrow,1962;Sheshinski,1967;Romer,1986;Romer,1990)、人力资本积累(Uzawa,1965;Lucas,1988)、产品质量提升(Grossman and Helpman,1991;Aghion and Howitt,1992)、劳动分工(Young,1928;Romer,1987;Grossman and Helpman,1991;Yang and Borland,1991;Becker and Murphy,1992)等内生技术进步的具体表现形式。

(一)哈罗德-多马模型:现代经济增长理论的开端

现如今被学术界广为讨论的哈罗德-多马模型实际上是基于哈罗德1939年发表的论文 An Essay in Dynamic Theory(Harrod,1939),1948年出版的著作 *Towards a Dynamic Economics*(Harrod,1948)以及多马1946年发表的论文 Capital Expansion,Rate of Growth,and Employment(Domar,1946)和1947年发表的论文 Expansion and Employment(Domar,1947)而提出的模型。两位学者的模型侧重点有所不同,哈罗德模型侧重充分就业,而多马模型则侧重投资对收入水平的提高能力。即便如此,两位学者的模型都探讨了经济长期稳定增长的条件,以及供给超过需求的发达国家增长不稳定的根源(速水佑次郎和神门善久,2009)。本节主要以哈罗德的模型为例进行介绍。

哈罗德认为,投资可以扩大总需求,但投资又会增加总供给,从而导致下期的需求不足,因此投资必须保持一定的增长率,才能解决投资带来的后期需求不足的问题。哈罗德模型主要说明的是经济体实现稳定增长所具备的条件,即投资增长率应保持什么速度才能保证稳定的经济增长率,实现经济体长期均衡增长。

哈罗德模型假定:

① 社会只生产一种产品,该产品只能用于消费和投资;

② 劳动人口在人口中的比重保持不变,且人口增长率 n 外生,即 $n = \dfrac{\dot{L}}{L}$;

③ 储蓄 S 是国民收入 Y 的函数,且边际储蓄倾向 s 等于平均储蓄倾向,即 $S = sY$;

④ 不存在技术进步以及资本折旧;

⑤ 每单位资本的劳动需求,以及每单位产出的资本需求都保持不变,即生产一单位产出 Y 所需的资本 K 和劳动 L 唯一给定,资本和劳动之间不可替代。

因为假定不存在资本折旧,因此哈罗德模型设定资本增量 $\dot{K} \equiv K_t - K_{t-1}$

等于投资,即

$$\dot{K} = I$$

根据凯恩斯总供给等于总需求的均衡条件,投资等于储蓄,即

$$I = S$$

因此可以得到 $\dot{K} = S$,两边同时除以产出增量 $\dot{Y}$,可以得到

$$\frac{\dot{K}}{\dot{Y}} = \frac{S}{\dot{Y}}$$

因为 $S = sY$(根据假设③),且 $\frac{\dot{K}}{\dot{Y}}$ 固定,假定其等于 a(根据假设⑤,a 表示投资—产量增速比,哈罗德将其定义为加速系数),因此令 $G = \frac{\dot{Y}}{Y}$,可得到哈罗德模型的增长方程:

$$G = \frac{s}{a}$$

哈罗德模型的含义在于,经济增长的速度 G 取决于社会储蓄率 s。根据哈罗德增长方程,为实现均衡增长,要求全部净储蓄转化为投资,且这个均衡的增长率(有保证的增长率 G_w)等于充分就业的储蓄率 s_f 和满足利润最大化企业的资本产出 a_r 之比。哈罗德基于基本增长方程提出了"有保证的增长率 G_w"、"实际增长率 G_A"和"自然增长率 G_N"三个概念,分析经济体在充分就业的条件下实现长期均衡增长的条件。他认为实际增长率首先要等于有保证的增长率,使得投资份额达到充分就业时的储蓄率 s_f。 其次他认为实际经济增长率要和人口以及技术水平决定的自然增长率 G_N(潜在的最大经济增长率)相等。综上所述,哈罗德认为的经济体长期均衡增长的条件是:

$$G_A = G_w = G_N$$

多马模型与哈罗德模型类似,只不过定义的是投资增长率 $F = \frac{\dot{I}}{I}$ 和不变的资本生产率 $\sigma = \frac{Y}{K} = \frac{\dot{Y}}{\dot{I}}$,得出的结论是 $F = G = \sigma s$。 多马模型里的资本生产率 σ 就是哈罗德定义的投资—产量增速比(加速系数)的倒数 $\frac{1}{a}$。 因此本质上两个模型所解释的经济增长实质相同。

哈罗德-多马模型以凯恩斯理论分析框架为基础,在理论上沿袭了凯恩斯投资等于储蓄的均衡条件,并将其进行动态化和长期化处理,还将增长理论纳入宏观经济分析框架。但可以看到,哈罗德-多马模型也存在一些缺陷。比如模型设

定的经济增长路径为储蓄向投资的转化,当实际增长率与有保证的增长率有所偏离的时候,经济体不能自我修正,因此哈罗德-多马模型的均衡是一种"刀刃上的平衡"。哈罗德-多马模型关于经济增长引擎的讨论也不够深入,该模型假定技术水平保持不变,过于强调储蓄或资本积累在经济增长中的作用,认为经济增长源泉是资本积累,从而忽视了技术进步的作用。

(二)新古典增长理论:外生的技术进步与增长核算

1956 年,罗伯特·索洛(Robert Solow)和特雷弗·斯旺(Trevor Swan)分别在独立发表的论文 A Contribution to the Theory of Economic Growth(Solow,1956)和 Economic Growth and Capital Accumulation(Swan,1956)中引入了生产者理论,并将其与凯恩斯的总量分析相结合。该模型克服了哈罗德-多马模型的部分缺陷,并对经济增长模型进行了改进,被学术界称为"索洛-斯旺模型",由此开创了新古典增长理论。值得注意的是,索洛还在 1957 年的另一篇论文 Technical Change and the Aggregate Production Function 中提出了"索洛余值(Solow residual)"的概念,这不仅是早期对技术进步的衡量,还开创了经济增长核算(growth accounting)的实证思潮。鉴于索洛对经济增长理论做出的突出贡献,他于 1987 年被授予诺贝尔经济学奖。索洛和斯旺之后,20 世纪 60—70 年代经济增长理论较为活跃[1],米德(James Edward Meade)、卡斯(David Cass)和库普曼斯(Tjalling Charles Koopmans)等人都不同程度地发展了新古典增长理论。希克斯和米德(Hicks and Meade,1961)在"索洛-斯旺模型"中引入了技术进步和时间因素,构建了"索洛-米德模型",进一步强调了技术进步对经济增长的作用。卡斯(Cass,1965)和库普曼斯(Koopmans,1965)沿用拉姆齐(Ramsey,1928)关于最优消费和最优储蓄的理论,强调家庭效用对经济增长的影响,对索洛-斯旺模型的储蓄率进行内生化处理,构建了"拉姆齐-卡斯-库普曼斯模型",使得边际消费倾向和边际储蓄倾向不再固定,并对索洛-斯旺模型在储蓄率方面的分析进行了完善。除此之外,戴蒙德(Diamond,1965)提出的世代交替模型(overlapping generation model)在拉姆齐-卡斯-库普曼斯模型的基础上

---

[1] 查尔斯·琼斯(Charles I. Jones,2002)在他的著作《经济增长导论》(Chapter1 pp.15-16)中提供了一份 20 世纪 60—70 年代对经济增长理论做出贡献的学者名单,包括但不限于:Moses Abramovitz, Kenneth Arrow, David Cass, Tjalling Koopmans, Simon Kuznets, Richard Nelson, William Nordhaus, Edmund Phelps, Karl Shell, Eytan Sheshinski, Trevor Swan, Hirofumi Uzawa, Carl von Weizsacker.

进行了完善,从离散时间角度对储蓄率内生化。遗憾的是这些模型仍侧重资本积累的作用,内生化的是储蓄率,对技术进步率的内生化处理不足。本节重点对新古典增长模型中影响最广泛的索洛-斯旺模型进行介绍,而索洛的增长核算模型将在第四章以方法的形式进行介绍。

索洛-斯旺模型主要围绕生产函数和资本积累函数进行分析,模型假设:

① 封闭的二部门经济体中只生产一种产品,投入资本 K 和劳动 L 两种投入要素,且生产基于生产函数 $Y = F(K, AL)$,A 代表技术变量,是一种"劳动节约型"技术进步;

② 生产函数规模报酬不变,即 $\dfrac{F(K, AL)}{L} = F(\dfrac{K}{L}, A)$;

③ 生产函数边际产出递减,即 $\dfrac{\partial F}{\partial K} > 0, \dfrac{\partial^2 F}{\partial K^2} < 0; \dfrac{\partial F}{\partial L} > 0, \dfrac{\partial^2 F}{\partial L^2} < 0$;

④ 技术进步率外生且等于 g,即 $\dfrac{\dot{A}}{A} = g$;储蓄率 s 外生且大于 0,资本折旧率外生且等于 δ,劳动力 L 增长率外生且 $\dfrac{\dot{L}}{L} = n$。

由于是封闭的两部分经济系统,均衡状态下投资 I 等于储蓄 S,因此有 $I = sY$。

资本积累函数 $\dot{K} = sY - \delta K$,两边同时除以 K,得到

$$\frac{\dot{K}}{K} = s\,\frac{Y}{K} - \delta$$

令生产函数为柯布-道格拉斯生产函数,则有 $Y = FK, AL = K^a (AL)^{1-a}$,令 $\dfrac{K}{L} = k, \dfrac{Y}{L} = y$,则生产函数被改写为

$$y = k^a A^{1-a},$$

两边求导得

$$\frac{\dot{y}}{y} = \alpha\,\frac{\dot{k}}{k} + (1 - \alpha)\,\frac{\dot{A}}{A}$$

由资本积累函数得,给定储蓄率 s 和折旧率 δ,当且仅当 $\dfrac{Y}{K}$ 为定值时,资本增长率 $\dfrac{\dot{K}}{K}$ 为定值。$\dfrac{Y}{K}$ 的比例确定,则意味着 $\dfrac{y}{k}$ 为定值。不难得出 y 和 k 的增长率

相同[①]，即 $g_y = g_k$。此时，资本、劳动、产出、消费和人口以相同比率增长的情形被称为"平衡增长路径"。将 $g_y = g_k$ 带入生产函数中，可得 $g_y = g_k = g$。索洛-斯旺模型说明稳定状态下的人均产出增长率等于人均资本增长率，还等于技术进步率，表明了技术进步才是经济增长的源泉。

类比于不存在技术进步条件下的动态方程 $\dot{k} = sy - (n+\delta)k$ [②]，技术进步外生条件下，索洛-斯旺模型的动态方程为 $\dot{\tilde{k}} = s\tilde{y} - (n+\delta+g)\tilde{k}$，其中 $\tilde{k} = \dfrac{K}{AL}$，$\tilde{y} = \dfrac{Y}{AL}$。当 $\dot{\tilde{k}} = 0$ 时，投资 $s\tilde{y}$ 增长可以维持劳动力人均资本对技术的比率不变，此时经济体处于稳态。进一步利用稳态条件可以计算出技术进步外生条件下的稳态人均产出为

$$y(t)^* = A(t)\left(\frac{s}{n+g+\delta}\right)^{\frac{\alpha}{1-\alpha}}$$

这进一步说明投资率和人口增长率虽然可以影响人均产出，但导致人均产出增长的因素还是技术进步。

索洛对经济增长理论的另一大贡献在于开创了增长核算模型（Solow，1957），他把经济增长分解为资本、劳动等投入要素的增长率与"索洛余值"的加权平均，即经济增长率＝资本增长率×资本回报＋劳动增长率×劳动回报＋全要素生产率增长率（Gong et al.，2021）。他将技术进步等同于全要素生产率的增长，即收入增长中无法用劳动或资本投入要素增长所解释的那部分增长，并对技术进步率进行了测算。索洛的增长核算法出现后，引发了一系列实证研究思潮，其中最著名的是丹尼森（Denison，1962，1967）对美国经济增长进行的核算和对九个发达国家的比较研究，他将全要素生产率增长进行了初步的分解。然而新古典增长模型多以资本为基础进行分析，重视资本积累和储蓄率变化等过程，并假定边际收益递减，将经济增长的动力归结于外生的技术因素，却不去解释各国技术进步的差异，一方面强调技术进步的作用，另一方面却忽视技术进步的来源。因此新古典增长模型的缺陷引发了学者们对经济增长引擎的进一步探索。

---

① 假定 $\dfrac{y}{k} = C$，$\dfrac{\dot{C}}{C} = 0$，等式两边先取对数再求导可得 $\dfrac{\dot{y}}{y} - \dfrac{\dot{k}}{k} = 0$.

② 利用 $\dfrac{K}{L} = k$，对等式两边先取对数再求导可得 $\dfrac{\dot{k}}{k} = \dfrac{\dot{K}}{K} - \dfrac{\dot{L}}{L}$。再将其代入资本积累函数，即可得出动态方程。

(三)内生增长理论:技术进步的内生过程

一方面由于新古典增长模型本身存在着种种缺陷,另一方面 20 世纪 70 年代西方国家出现了滞胀现象,同时现实中不同国家人均收入间存在巨大差异,且发达国家和发展中国家贫富差距有逐渐扩大的趋势,这些都是新古典增长理论无法解释的问题,因此经济增长问题再次受到学者的广泛关注。20 世纪 80 年代中期,以保罗·罗默(Romer,1986)和罗伯特·卢卡斯(Lucas,1988)为代表的学者对新古典增长理论进行了重新审视,开创了内生增长理论(又被称作"新增长理论")(Gong,2020)。事实上,内生增长理论不像新古典增长理论围绕一个共同接受的模型进行研究,而是由一些观点类似的增长模型构成的,这些模型的共识是,经济增长并非由外生因素决定,经济体可以实现内生增长。内生增长理论包含的内容非常丰富①,本节不详细介绍模型,而是按照这些研究侧重点的不同将内生增长理论划分为三大类型:外部性内生增长模型、熊彼特主义创新增长模型和劳动分工演进模型。并分别介绍这三类技术进步的内生化过程,希望为读者提供一份"按图索骥"的依据。

1.外部性内生增长模型的演进

阿罗、卢卡斯和罗默等人最先关注的内生增长动力是知识溢出与人力资本溢出等如何通过外部性实现规模收益递增。这些模型建立在新古典的边际分析基础上,通过"干中学"以及 R&D 投入实现经验和新知识的创造,或者通过学习实现人力资本的积累。

事实上,虽然内生增长理论的代表学者是罗默和卢卡斯,但首先进行内生化尝试的学者是阿罗(Arrow,1962),他在 1962 年的论文 The Economic Implications of Learning by Doing 中提出了"干中学"的观点。"干中学"是经验产品,发生在重复的生产活动中,是投资的副产品和资本累积的结果,因此干中学导致了技术进步和生产率提高,即投资会产生溢出效应,资本积累可以带来技术进步。阿罗还提出,知识具有外溢效应,不仅投资的厂商可以提高生产率,其他厂商也可以通过这种溢出的"干中学"提高生产率。阿罗模型使用了较为复杂的数学推导,1967 年谢辛斯基(Sheshinski,1967)根据阿罗的设定得出一个简化

---

① 面对庞杂的内生增长理论体系,庆幸 21 世纪初期有不少国内的学术前辈们对内生增长理论的发展脉络和研究进展进行了详细的梳理和点评,请参考薛进军(1993),庄子银(1998),朱勇、吴易风(1999),潘士远、史晋川(2002),李勇坚(2002),虞晓红(2005),任力(2006)等。

形式,即 $Y(t) = C(t) + I(t) = F[K(t), A(t)L(t)]$,其中技术进步 $A = K^a$,a < 1 为外溢效应系数。该方程表示厂商不仅可以从自身的投资活动中学习,而且还可以从其他厂商的投资中学习。社会经济整体是收益递增的,均衡的增长率 $g = \dfrac{n}{1-\alpha}$。可以看到,阿罗的模型虽然相比于新古典增长模型有所突破,即从资本积累带来干中学中的新知识角度探求经济增长的动力,这为政府出台促进经济增长的宏观政策提供了依据,但阿罗模型的经济增长仍然取决于外生的人口增长率 n,当人口增长为 0 时,经济增长率也为 0。

除了阿罗之外,宇泽弘文(Uzawa,1965)也对内生增长理论的发展做出了一定贡献。他使用了一个两部门优化增长模型,对技术进步和人力资本进行了研究,并将技术进步内生化,使得无形的人力资本和有形资本都可以生产,但该模型不具备任何形式的规模收益递增。相反,人力资本的生产函数是线性的且规模报酬不变。在这种情况下,不受限制的增长是可能的。

罗默(Romer,1986)在论文 Increasing Returns and Long-run Growth 中指出以往增长模型的局限在于资本和劳动的边际收益递减,导致经济增长的不可持续和最终经济体的趋同,他肯定了阿罗和宇泽弘文对技术进步内生化的处理。沿袭阿罗投资外部性的观点,罗默提出了知识溢出模型,认为知识是一种边际生产力不断提高的生产投入,且具有外部性,生产新知识的收益递减使得产出收益递增成为可能,经济体在知识积累的驱动下能够实现长期增长。但是知识溢出的存在会使得厂商的私人收益低于社会收益率,因此政府应当对私人部门的知识生产提供激励。

罗默模型强调知识溢出的影响,卢卡斯(Lucas,1988)则延续了宇泽弘文的理论,强调人力资本的溢出效应对经济持续增长的作用。他假定生产部门采用物质资本和人力资本进行生产,生产函数为 $Y = AK^a(hL)^{1-a}$,h 是人均人力资本。卢卡斯模型假定的人力资本变化为 $\dot{h} = (1-u)h$,u 是投入在工作上的时间占比,$1-u$ 是投入在技能掌握上的时间占比,从而可以直观得出人力资本变化与个人技能学习上投入的时间成正比。与宇泽弘文相比,卢卡斯不仅认为人力资本具有内部效应,还认为人力资本在全经济范围内具有外溢效应(spillover effects),他强调人力资本的外溢效应有递增收益,正是这种源于人力资本的外部性使其成为长期经济增长的源泉。在卢卡斯模型提出之后,出现了不少实证类论文探讨人力资本对经济增长的作用,代表性的研究有 Robert Barrow(1991)、Robert Barrow and Sala-i-Martha(1992)等。

罗默(Romer,1990)在另一篇代表性论文 Endogenous Technological

Change 中提出了经济增长的另一个引擎——研究与开发投入（Research and Development，简称 R&D）。他提出新技术是一种非竞争性的产品，技术进步的发生都是个体自利行为的结果，技术改进的收益至少要有部分排他性。经济增长是由非竞争和部分排他的投入——新技术驱动的。非竞争性商品，如创意、新技术等，可以无约束地按人均数进行积累，这种商品的生产涉及一次性的固定成本和零边际收益，这意味着规模收益递增。

2. 熊彼特主义创新增长模型

创新的一个表现形式是产品质量提高。阿吉翁和霍伊特（Aghion and Howitt，1992）继承熊彼特的思想，指出经济增长过程就是旧产品不断被淘汰的过程。因此他们把旧产品老化过程引入模型，提出了创造性破坏的内生增长模型，认为源于竞争性厂商的垂直产品创新是经济增长的源泉。该模型假设不区分产品类型，整个经济中存在三个部门，分别是最终消费部门、中间产品部门和研发部门。其中中间品生产是垄断竞争的，其他部门是完全竞争的。一次创新由一个新的中间品组成，他们能够帮助生产出更多的最终产品。研发部门受到创新专利的垄断租金驱动，但由于创新具有破坏效应，为一部分人带来垄断利润的同时也损坏了其他一部分人的垄断利润。阿吉翁和霍伊特通过推导发现平均增长率和增长率差异是创新规模、熟练劳动（既能从事开发又能从事消费品生产的劳动）规模以及研发率的增函数，是利率的减函数。格罗斯曼和赫尔普曼（Grossman and Helpman，1991）的假设比阿吉翁和霍伊特更为复杂，他们的模型认为经济中存在不同产品，每种产品各自进行质量提升。而且每一种产品存在质量提升的门槛，后一个质量提升在前一个质量提升之上，新产品并不是完全替代旧产品。熊彼特主义创新增长模型的一个启示是，由于创新具有破坏效应，研发率越高意味着产品淘汰率也越高，可能削弱社会的研究激励，因此研发率过高不一定会提高经济增长率。

3. 分工和专业化演进模型

自分工理论被斯密首次较为系统地提出以来，关于分工和经济增长关系的研究几经兴衰。李嘉图的比较优势理论认为各国存在资源的比较优势导致了分工和贸易的产生，马克思批判继承了斯密的分工理论，并且提出了社会分工论，指出了分工的制度内涵，认为分工是一种反映生产资料所有制的生产组织制度。19 世纪下半叶，以马歇尔为代表的新古典主义学者将经济分析转向微观，分工的收益递增特性因为无法容纳进新古典的均衡模式而逐渐被淡化。直到 20 世纪 20 年代阿伦·杨格（Allyn Abbott Young）发表的 Increasing Returns and

Economic Progress 一文重新探讨了分工和边际收益递增的问题，他认为劳动分工导致技术进步，进而产生网络外部性，这将在其他要素边际收益递减的情况下保证经济的持续增长（Young，1928）。20 世纪 80 年代内生增长理论开始关注技术进步的原因，而且处理收益递增的问题也有了技术上的进步，分工理论再次受到重视。分工可以表现为产品品种增加和专业化程度加深两种形态。罗默（Romer，1987）、格罗斯曼和赫尔普曼（Grossman and Helpman，1991）等人基于前者说明了中间品和消费品品种增加的增长模型。贝克尔和墨菲（Becker and Murphy，1992）以及杨小凯和博兰德（Yang and Borland，1991）基于后者用劳动分工导致的专业化自发演进来解释经济增长。

参考文献

[1] 阿列桑德洛·荣卡格利亚. 西方经济思想史. 罗汉，耿筱兰，郑梨莎，姚炜堤，译. 上海：上海社会科学院出版社，2009.

[2] 查尔斯·I. 琼斯. 经济增长导论. 舒元，译. 北京：北京大学出版社，2002.

[3] 多马. 经济增长理论. 郭家麟，译. 北京：商务印书馆，1983.

[4] 龚斌磊. 投入要素与生产率对中国农业增长的贡献度研究. 农业技术经济，2018(6)：4-18.

[5] 龚斌磊，张书睿，王硕，等. 新中国成立 70 年农业技术进步研究综述. 农业经济问题，2020(6)：11-29.

[6] 蒋自强. 经济思想通史：第一卷，早期经济思想（从远古至 18 世纪中叶）. 杭州：浙江大学出版社，2003.

[7] 蒋自强. 经济思想通史：第二卷. 杭州：浙江大学出版社，2003.

[8] 蒋自强. 张旭昆. 经济思想通史：第三卷. 杭州：浙江大学出版社，2003.

[9] 靳涛. 关于演化经济学思想的比较：凡勃伦，熊彼特，哈耶克. 经济科学，2002 (4)：122-128.

[10] 坎蒂隆. 商业性质概论. 永定，徐寿冠，译. 北京：商务印书馆，1986.

[11] 魁奈. 魁奈经济著作选集. 吴斐丹，张草纫，选译. 北京：商务印书馆，1979.

[12] 兰德雷斯. 经济思想史. 周文，译. 北京：人民邮电出版社，2014.

[13] 李嘉图. 李嘉图著作和通信集：第 1 卷，政治经济学及赋税原理. 郭大力，王亚南，译. 北京：商务印书馆，2011.

[14] 李勇坚. 内生增长理论的最新进展. 经济学动态，2002(10)：70-74.

[15] 刘志铭，郭惠武. 创造性破坏，经济增长与经济结构：新古典熊彼特主义增

长理论的发展. 经济评论, 2007 (2): 57-63.

[16] 刘志铭,郭惠武. 创新,创造性破坏与内生经济变迁——熊彼特主义经济理论的发展. 财经研究, 2008, 34(2): 18-30.

[17] 鲁宾逊. 马克思,马歇尔和凯恩斯. 北京大学经济系资料室,译. 北京: 商务印书馆, 1963.

[18] 马尔萨斯. 人口原理:福利经济及国家理论. 冯国超,译. 北京: 中国社会出版社, 2000.

[19] 潘士远,史晋川. 内生经济增长理论:一个文献综述. 经济学(季刊), 2002 (3): 5-38.

[20] 任保平,钞小静,师博. 经济增长理论史. 北京: 科学出版社, 2014.

[21] 任力. 内生增长理论研究最新进展. 经济学动态, 2006(5): 75-81.

[22] 速水佑次郎,神门善久. 发展经济学:从贫困到富裕. 李周,译. 北京: 社会科学文献出版社, 2009.

[23] 威廉·配第. 配第经济著作选集. 陈冬野,马清槐,周锦如,译. 北京: 商务印书馆, 1981.

[24] 吴易风. 经济增长理论:从马克思的增长模型到现代西方经济学家的增长模型. 当代经济研究, 2000(8): 1-4.

[25] 谢识予. 斯密经济增长思想的理论内涵及现实意义. 复旦学报:社会科学版, 2005(3): 162-168.

[26] 许经勇. 马克思农业科学技术进步理论初探. 当代经济研究, 2007(12): 1-5.

[27] 薛进军. "新增长理论"述评. 经济研究, 1993(2):73-80.

[28] 休谟. 休谟经济论文选. 陈玮,译. 北京: 商务印书馆, 2009.

[29] 亚当·斯密. 国富论:上卷. 郭大力,王亚南,译. 北京: 商务印书馆, 2014.

[30] 亚当·斯密. 国富论:下卷. 郭大力,王亚南,译. 北京: 商务印书馆, 2014.

[31] 严成樑,龚六堂. 熊彼特增长理论:一个文献综述. 经济学季刊, 2009, 8 (3): 1163-1196.

[32] 杨依山. 经济增长理论的成长. 山东大学博士学位论文, 2008.

[33] 虞晓红. 经济增长理论演进与经济增长模型浅析. 生产力研究, 2005(2): 12-14,33.

[34] 朱勇,吴易风. 技术进步与经济的内生增长——新增长理论发展述评. 中国社会科学, 1999(1):21-39.

[35] 庄子银. 新增长理论简评. 经济科学, 1998.

[36] 邹薇，庄子银. 分工、交易与经济增长. 中国社会科学，1996(3):4-14.

[37] Aghion P，Howitt P. A Model of growth through creative destruction. Econometrica，1992，60(2):323-351.

[38] Arrow K J. The Economic implications of learning by doing. Review of Economic Studies，1962，29(3):155-173.

[39] Barro R J. Economic growth in a cross section of countries. Quarterly Journal of Economics，1991，106(2):407-443.

[40] Barro R J，Sala-i-Martin X. Convergence. Journal of political Economy，1992，100(2):223-251.

[41] Becker G S，Murphy K K. The division of labor，coordination costs，and knowledge. Quarterly Journal of Economics，1992，107(4):1137-1160.

[42] Cass D. Optimum growth in an aggregative model of capital accumulation. Review of Economic Studies，1965，32(3):233-240.

[43] Denison E F. United States economic growth. Journal of Business，1962，35(2):109-121.

[44] Denison E F. Sources of postwar growth in nine western countries. American Economic Review，1967，57(2):325-336.

[45] Diamond P A. National debt in a neoclassical growth model. American Economic Review，1965，55(5):1126-1150.

[46] Dinopoulos E，Segerstrom P. North-South trade and economic growth. CEPR Discussion Papers，2006.

[47] Dinopoulos E，Sener F. New directions in Schumpeterian growth theory. Cheltenham: Edward Elgar Publishing，2007.

[48] Domar E D. Capital expansion，rate of growth，and employment. Econometrica，1946，14(2):137-47.

[49] Domar E D. Expansion and employment. American Economic Review，1947，37(1):34-55.

[50] Gong B. New growth accounting. American Journal of Agricultural Economics，2020，102(2):641-661.

[51] Gong B，Zhang S，Liu X，et al. The zoonotic diseases，agricultural production，and impact channels: evidence from China. Global Food Security，2021，28，100463.

[52] Grossman G M，Helpman E. Quality ladders in the theory of growth.

Review of Economic Studies，1991,58(1)：43-61.

[53] Harrod R F. An Essay in dynamic theory. Economic Journal，1939，49 (193)：14-33.

[54] Harrod R F. Towards a dynamic economics：some recent developments of economic theory and their application to policy. London：MacMillan and Company，1948.

[55] Hicks J R，Meade J E. A Neo-Classical theory of economic growth. Economic Journal，1961，72(286)：371.

[56] Koopmans T. On the concept of optimal growth，the econometric approach to development planning. Amsterdam：Econometric approach to development planning，1st edn，1965：225-287.

[57] Lucas R. On the mechanics of economic development. Journal of Monetary Economics，1988,22(1)：3-42.

[58] Nelson R R. Winter S G. The schumpeterian tradeoff revisited. American Economic Review，1982,72(1)：114-132.

[59] Ramsey F P. A mathematical theory of saving. Economic Journal，1928，38(152)：543-559.

[60] Romer P M. Increasing returns and long-run growth. Journal of Political Economy，1986，94(5)：1002-1037.

[61] Romer P M. Growth based on increasing returns due to specialization. American Economic Review,1987,77(2)：56-62.

[62] Romer P M. Endogenous technological change. Journal of Political Economy，98(5，Part 2)，S71-S102.

[63] Segerstrom P S，Anant T C A，Dinopoulos E. A schumpeterian model of the product life cycle. American Economic Review，1990：1077-1091.

[64] Sheshinski E. Tests of the "learning by doing" hypothesis. Review of Economics and Statistics，1967：568-578.

[65] Solow R M. A Contribution to the theory of economic growth. Quarterly Journal of Economics，1956,1(70)：65-94.

[66] Solow R M. Technical change and the aggregate production function. Review of Economics and Statistics，1957：312-320.

[67] Swan T W. Economic growth and capital accumulation. Economic Record，1956，32(2)：334-361.

[68] Uzawa H. Optimum technical change in an aggregative model of economic growth，International Economic Review，1965，6(1)：18-31.

[69] Yang X，Borland J. A microeconomic mechanism for economic growth. Journal of political economy，1991,99(3)：460-482.

[70] Young A A. Increasing returns and economic progress. Economic Journal，1928，38(152)：527-542.

[71] Zhang S，Wang S，Yuan L，et al. The impact of epidemics on agricultural production and forecast of COVID-19. China Agricultural Economic Review，2020，12(3)：409-425.

第三章　农业增长与技术进步理论

上一章梳理了经济思想史到现代经济理论中研究宏观经济增长和技术进步的思想与理论,这些理论,特别是现代经济体系的经济增长理论,主要以构建数理模型、得到动态方程、求解均衡的增长率为目的,侧重逻辑上的演绎和数理上的推导。本章我们采用结构和发展的视角,聚焦整体经济中农业部门技术进步和技术扩散的相关理论,具体有诱致性技术创新理论、农业踏车理论、改造传统农业理论、农业发展阶段与资源互补论。与上一章不同,本章在关注这些理论的同时也会有侧重地介绍后续对理论进行验证的实证研究结果。

一、诱致性技术创新理论:农业技术进步的方向和路径

正如第二章中的介绍,新古典经济理论很长一段时间将技术视为外生给定的,索洛余值的核算方法将不能由要素投入解释的产量增长视为广义上的技术进步,但忽略了技术进步产生的原因和可能的方向。诱致性技术创新理论(又称为诱致性技术变迁理论)从要素资源禀赋为切入点,提出了"要素资源禀赋差异—要素相对价格差异—农户要素需求差异—技术进步方向差异"的理论框架,将技术进步转变为内生于经济系统的变量,逐渐成为解释各国农业增长和技术进步的主要理论。本节首先关注诱致性技术创新理论的提出和发展脉络,然后对该理论的实证研究进行介绍。

(一)诱致性技术创新理论的发展

诱致性技术创新理论探讨的是不同地区技术进步方向和路径存在差异的原因,其核心是将技术进步方向与资源禀赋联系起来,认为地区资源禀赋的差异导致技术创新和发展路径的不同(Gong,2020)。20 世纪 30 年代,希克斯首次提出

了诱致性创新这一概念，认为投入要素价格的变化能诱致创新，特别是节约相对昂贵要素的发明与技术（Hicks，1932）。20 世纪 60 年代，萨缪尔森基于要素禀赋、相对价格和技术进步导致的要素份额变化构建了宏观模型（Samuelson，1965）。艾哈迈德在考虑劳动与资本两种投入要素的前提下，引入创新可能性曲线，首次构建了诱致性技术创新的理论分析框架（Ahmad，1966）。

农业经济学家对诱致性技术创新理论的发展起到了巨大的推动作用，诱致性技术创新理论也成为分析农业技术进步和农业发展最重要的经济学理论工具。速水佑次郎和弗农·拉坦提出了一个被广泛接受的农业诱致性技术创新理论（Hayami and Ruttan，1971）。他们认为，技术创新的诱致机制是国家的资源禀赋不同，导致投入要素的相对价格不同，从而引导技术发明和采用的重点领域发生差异。他们将农业技术进步的具体形式分为替代劳动力为主的机械技术进步和替代土地为主的生物化学技术进步，并利用美国和日本 1860—1960 年的数据对该理论进行实证检验，成功揭示了两国农业技术创新和农业发展路径有差异的原因。以日本和美国农业为例：一方面，日本农业的资源禀赋表现为人多地少，导致土地的相对价格较高，因此农业技术进步更多产生在种子等生物化学技术方面，旨在替代相对昂贵的土地要素，提高土地生产率；另一方面，美国农业的资源禀赋表现为人少地多，昂贵的人力成本导致农业机械技术的迅速发展和普及（Hayami and Ruttan，1970），从而扩大人均耕地面积。两种路径均可以实现劳动生产率的提高，促进农业增长。

（二）诱致性技术创新理论的实证

1.早期支撑理论的实证研究

20 世纪 70 年代末和 80 年代，大量文献利用不同国家的长期农业数据，对诱致性技术创新理论进行了验证。这个阶段的研究中，美国和日本两个资源禀赋截然不同，但农业生产率都得到极大提高的国家被广泛关注。Binswager（1974）、Nghiep（1979）和 Kawagoe et al.（1986）对"速水-拉坦"模型进行了改进，主要针对美国、日本和亚洲的绿色革命地区进行实证研究，都得出了与速水和拉坦类似的实证结果。

早期的实证检验结果均支持诱致性技术创新理论提出的发展路径，尽管在微观层面遭到了一些学者的质疑（Nordhaus，1973），但凭借其强大的解释力，逐渐成为解释农业发展和技术进步的主流观点。

2.理论验证的转折点

Olmstead et al.（1993）利用美国 1860—1960 年详尽的历史价格数据和机

械数据,从三个方面对诱致性技术创新理论提出了挑战,认为诱致性技术创新理论对于美国农业发展的解释需要被重新审视。首先,诱致性技术创新理论中最为重要的要素相对价格变化方向并非 Hayami and Ruttan(1970)所论证的,他们一方面混淆了要素的初始禀赋和相对价格变化,另一方面将非农用地价格与农业用地价格混用,导致了对土地要素价格变化的错误判断,实际上 1860—1960 年的大部分时间,劳动力价格相对土地价格是下降的。其次,速水佑次郎和弗农·拉坦低估了生物技术的作用,尤其是考虑到新地区的种子适应性研究和病虫害的防控研究。最终得出的结论是速水佑次郎和弗农·拉坦的理论对于美国农业发展的解释具有很强的地域性,很难推广到整个国家,美国的农业发展路径需要被重新审视。

该研究对于诱致性技术创新理论的影响很大,主要原因在于从实证角度,第一次利用历史数据质疑诱致性技术创新理论的解释力;从理论角度,明晰了长期以来被学者混用的概念,即要素相对价格变化和初始要素价格差异是不同的,美国人少地多的资源禀赋使得美国劳动力要素的初始价格更高,但诱致性技术创新理论中更为关注的是要素的相对价格变化而非初始的水平值。

3. 理论验证的进一步发展

在奥姆斯特德等(Olmstead et al.,1993)之后,相关研究对于诱致性技术创新理论的检验采用的数据更为详尽,对于理论适用的约束条件也产生了更大的关注。第一个约束条件是在现有技术条件下,要素相对价格的变化带来的要素替代是有限的,需要通过技术进步来促进相对便宜要素对相对昂贵技术的替代。第二个约束条件强调对于技术供给方而言,发明并推广一项新技术的边际成本是相同的。针对第一个假设,Gollin et al.(2002)基于 Error Correction Model 和两阶段的 CES 生产函数,将要素替代和技术进步进行了区分。针对第二个假设,Popp(2002)利用 1974—1990 年美国的专利数据库,研究了石油价格变化对于能源节约型技术的影响,利用专利引用数构建了一个衡量知识存量的指标,并强调知识存量的质量和数量会显著影响技术创新的边际成本。Liu and Shumway(2009)在假定诱致性技术创新理论成立的基础上,利用非参的方法验证得出,开发替代稀缺要素技术的边际成本远大于开发替代丰裕要素技术的边际成本。他们的研究认为,已有的研究实质上是对诱致性技术创新理论的需求侧进行验证,但忽略了技术供给侧研发的边际成本,并认为这是 21 世纪以来的实证结果有悖于诱致性技术创新理论的主要原因。Benjamin et al.(2015)利用美国公共农业投资数据,采用泊松极大似然估计法,验证了在考虑技术研发边际成本的基础上,要素相对价格变化的方向影响美国公共农业投资的分配,且分配比例基本符合诱致性技术创新理论的方向。

4.对于理论验证的评述

新世纪以来,诱致性技术创新理论的验证方法不断发展,学术界对于理论成立的约束条件给予了更多关注,但尚未出现一个框架可以实现技术需求侧验证和技术供给侧验证的统一。Liu and Shumway(2009)和 Benjamin et al. (2015)主要关注要素相对价格变化对技术供给方的影响,但并没有考虑技术在实际生产中的采纳情况,也就无法反映这部分技术专利在农业生产中的实际转换情况。此外,一些学者开始研究自然环境对诱致性技术创新理论提出的要素替代速度的影响。以中国为例,劳动力成本提高会加速机械替代劳动力的现象,但地形条件(郑旭媛等,2016)、传染病疫情(Zhang et al. ,2020)和气候变化(Chen and Gong,2021)会对机械替代劳动力的过程产生显著影响。

二、农业踏车理论:农业技术进步与收入分配

农业踏车理论主要用来解释农业技术进步背景下农民收入分配的问题,为分析农业创新的传播提供了另一种可能的方法。它将农村社会学研究中发展起来的一些关于技术采纳行为的概念纳入一个竞争性产业的动态模型中。假设农民可根据其技术采纳倾向分为早期采用者、追随者和落伍者三组,它还假设农民面对的是一连串的创新,每次采纳一种技术。这种方法强调了随着时间的推移,由于存在负倾斜的需求(当供给随着采用而扩大时,会导致价格下降),技术采纳的收益可能会减少。

(一)农业踏车理论的提出

20 世纪 50 年代,农业经济学者注意到的一个现实是,农业技术进步会引起农民采用新技术,促进农产品供给增加,进而导致价格下降,农民获利减少。科克伦(Cocharane,1958)认为农业踏车(agricultural treadmill)理论解释的是在生产者作为价格接受者的经济体中,农业生产者面对技术进步的收益分配情况。他还认为农民在农产品价格的踏车上,需要不断努力通过采用新技术来提高收入。早期的技术采用者可以获得较低的单位生产成本,并在短时间内获得利润。在新技术应用的早期,由于技术采纳者较少,总供给增加还不足以导致市场价格下降,因此早期技术采纳的生产者暂时享受到了技术进步带来的超额利润。然而,随着越来越多的农民采用该技术,产品整体产量上升,农业总供给曲线向外

移动,而农产品的需求弹性较低,价格下降将抵消技术进步给生产者带来的收益,即使生产成本降低,农民也不可能再获得利润。尽管如此,农民若想生存下去就不得不在产品价格下降的情况下采用该技术,降低生产成本,如此形成的农业新技术引进在长期将往复循环。不采用新技术的"落伍"农民在价格挤压中迷失了方向,给更成功的邻居留下了扩张的空间。

(二)农业踏车理论的修正

Koester(1992)认为在开放经济条件下,农业技术进步在导致供给增加的同时,广阔的国际市场会导致需求曲线的外移,因此农业技术进步在开放经济条件下不会使生产者收入下降。

Levins and Cochrane(1996)观察到的一个事实是,自从农业踏车理论提出以来,农地所有者的数量并没有像农民的数量那样快速下降,农场主的数量以 3 比 2 的比例超过了农场经营者,拥有美国 40% 以上的农田。他根据农业踏车理论提出了"土地市场踏车"理论,认为当农民通过采用新技术降低成本、提高产量时,政府会进行价格支持。由于成本降低,价格相对稳定,尽管产量提高了,农业的利润却不降反增。因此,农民试图获得更多的土地,以获得更多的利润。这样一来,他们就通过相互竞价来争夺有限的土地,从而推高了土地价格。更高的土地价格而非下降的产品价格让农民走上了新型的"土地市场踏车"。当土地市场踏车形成后,没有土地所有权的农民为了继续努力从农业中获取利润就必须采取新技术,但不断被持续上涨的土地价值所阻挠。而拥有土地的农民只需自愿放弃经营农业或者放弃采纳新技术就可以坐享土地租金带来的收益。

(三)农业踏车理论的实证

Hayami and Herdt(1977)对农业踏车理论进行了扩展,将半自给性生产这一特殊属性纳入封闭经济中技术变革与收入分配之间关系的分析中,实证检验了菲律宾水稻技术发展对农民收入分配的潜在影响。结果表明 1967—1970 年高产稻米品种既有利于消费者,也有利于生产者。在农业内部,新品种通过价格的下行压力对那些拥有大量市场销售盈余的农民的收入产生作用,进而促进了更平等的收入分配。然而,这并不意味着技术进步对所有农户都是有利的,数据表明如果小农户的技术进步比大农户慢,小农户的相对收益就会减少;如果新技术被少数大农户垄断,大农户可以通过增加产量来获取技术进步的全部收益,这样引入技术变革后的收入分配可能更不公平。为了避免这种可能性,应鼓励和促进小农户采用技术创新。Whitmarsh(1998)将农业踏车理论扩展到渔业领域。Röling(2003)将农业踏车理论加以应用,分析了一些国家以此为原理的政策效果。国内学者黄祖辉和钱峰燕(2003)是较早进行农业踏车理论实证的中国学者,他们利用中国 1994—2001 年时间序列数据证实了该理论。他们研究发现,技术进步导致农产品边际产出的增加,由此带来总供给的增加,从而使农产品市场价格下降,在农户的收益获得上表现为农民收入(主要指农业纯收入)出现增长缓慢乃至下降的现象。俞培果和蒋葵(2006)使用中国 1991—2004 年数据对农业踏车理论进行了实证,发现农业科技投入不能促进农民收入的提高。陆文聪和余新平(2013)实证检验了中国"七五"至"十一五"期间农业科技进步与农民的农业收入和非农收入增长的关系,并且发现中国农业科技进步促进了农民收入增长,从而否定了已有的"农业技术进步不利于农民收入增长"的观点。

三、改造传统农业理论:提高农业生产率

改造传统农业理论是 20 世纪 50 年代舒尔茨为了反驳"以工业发展为中心,轻视农业"的战略而提出的。舒尔茨认为发展中的传统农业只有转变为现代化农业才可以对经济增长做出贡献,因此要对传统农业进行改造。而如何提高农业生产率就成了一个关键问题。舒尔茨这一理论的提出开创了农业生产率与农业研发(R&D)的研究分支,半个多世纪以来,众多学者在农业 R&D 的衡量、福利分析和效果评价等方面做出了一系列拓展研究。

(一)改造传统农业理论的提出

20 世纪 60 年代,诺贝尔经济学奖获得者舒尔茨(Schultz,1964)提出"改造传统农业"的观点。他对传统农业的特征进行了分析,认为所谓的传统农业是一种生产方式长期不发生变动、基本维持简单再生产的小农经济。由于投入要素与技术水平不变,对传统投入要素(例如土地、劳动等)增加投资的收益率较低。他反复强调,促进经济增长的关键因素是技术变化。因此他认为发展中国家从传统农业向现代农业转变的关键是引进新投入要素。进一步,舒尔茨提出了引进新投入要素的方式,首先,他认为要建立适用于农业改造的制度;其次,他认为发展中国家应该研发和引进适应本国农业环境的先进技术和投入要素;第三,要提高农业劳动者的知识与技能水平,积累人力资本。

从舒尔茨提出改造传统农业理论之后,农业生产率研究成为农业经济学的重要分支。舒尔茨和他的学生 Zvi Griliches(1963)在这一问题的研究上取得了

初步的进展,他们认为投入质量的提高,包括农民的教育以及技术的变化是生产力增长的主要来源,并最终归功于个人、企业和政府对科学、教育以及正规和非正规研发的投资。

(二)改造传统农业理论的实证

在 R&D 与农业生产力领域,Julian Alston 和 Philip Pardey 是两位做出突出贡献的学者,在这一领域发表了多篇综述性论文(Alston et al.,2009;Pardey et al.,2013;Alston and Pardey,2014;Alston,2018)。

在文献方面,随后的半个多世纪里,经济学家们建立了研究农业研发和相关政策经济后果的模型和衡量方法,这些模型和衡量方法涉及范围非常广泛,甚至借鉴并促进了经济学的众多子领域①(Alston et al.,2009)。Alston et al.(2009)的综述重点关注经济学家衡量农业 R&D 的数据和方法,以及农业 R&D 产生的影响。首先他们综述了 R&D 的福利分配效果,论述了不同模型假定下的不同结果,总结来看生产者和消费者之间的利益分配取决于供求的相对弹性以及 R&D 引起的供给转变的性质。随后,一些学者综述了美国农业生产力研究的数据贡献,例如 USDA(美国农业部)提供的州层面基本数据。Andersen et al.(2009)还专门为衡量美国公共农业研究的经济后果而进行数据开发。但同时他们也指出许多研究由于缺乏长期数据存在对滞后分布粗略推断的问题,以及滞后效应和空间溢出效应在农业 R&D 研究中的问题和应加强的方面。Alston(2018)的综述则重点讨论了农业 R&D 中仍未完全解决的三个问题:政府失灵、不同数据的比较分析以及农业 R&D 的收入分配效应。

在农业 R&D 的典型事实方面,Alston and Pardey(2014)回顾了农业 R&D 过去半个多世纪的演进过程并总结了主要规律。他们指出 1960—2011 年农业产量提升仍主要依赖单产(单位面积产量,亦称为土地生产率)的增加,即机械、化肥、灌溉等投入要素的使用。而单产增加及土地和劳动边际生产率降低与农业 R&D 投入比例下降有关。农业 R&D 的公共物品属性使得早期科研投入主

---

① 例如,有些贡献可以追溯到生产经济学的基础、投入和产出的衡量标准,以及它们之间的关系。还有一些问题与现代工业组织的文献有关,可以试图了解拥有发明知识产权公司市场力量的作用。还有一些文献与多市场环境下的收入分配有关。由于农业在整个经济中的作用,无论是在富裕国家还是在发展中国家,都必须采用一般均衡方法。因此,在某种程度上,要理解农业研发的经济文献,就需要了解它与主要经济学子领域(如计量经济学、劳动经济学、公共经济学、生产经济学、经济史、产业组织或运筹学)的关系,并从中汲取思想、方法、工具和技术。

要由政府部门主导，但近年来开始转入私营部门，这会对农业发展及跨国间技术扩散带来不确定性影响。

四、农业发展阶段与资源互补论：发展中国家农业转型

美国康奈尔大学农业经济学家梅勒（Mellor，1966）在 20 世纪 60 年代针对低收入国家提出了一种发展理论，武汉大学郭熙保教授将其介绍进国内，并称其为"农业发展阶段与资源互补论"，该理论总结了许多对发展中国家农业转型有启发性的结论。

（一）农业发展阶段与资源互补论的提出

梅勒在他的 1966 年的书 *The Economics of Agricultural Development* 中按照农业技术的性质将传统农业转型过程划分为三个阶段：第一阶段是技术停滞阶段。农业增长取决于传统投入要素的同比例增加，只增加劳动力而没有使用化肥或者高产品种不会导致生产率的持续增长，这就是资源投入的互补性。该阶段意味着如果只有一种投入要素增加，而其他互补的投入要素不变，那么前者的边际生产率就较低，农业总产出的增加也不可持续。同时，由于技术的停滞，农业生产的扩张伴随着人均收入和土地生产率的下降。第二阶段是劳动密集型技术进步阶段，梅勒着重研究了这一阶段（龚斌磊等，2020）。这一阶段农业在整体社会中占比仍然较大，农产品需求随人口和经济增长而上升，发展工业的资本较为稀缺，因此农业机械使用受限，经济转型速度和人口增长压力限制了农场规模的扩大。这一阶段农业主要依赖资本节约型技术进步。第三阶段是资本密集型技术进步阶段。这个阶段农业的相对比重和重要性逐渐下降，非农部门扩张，需要大量劳动力，因此农业劳动力大量转移出来，农场规模趋于扩大，为大型机械使用创造了条件。同时，资本价格下降，劳动力成本提高，劳动节约型的机械和资本密集型的技术不断被创造出来，农业的劳动生产率逐渐提高。

梅勒认为大多数发展中国家面临的状况是劳动力充足而资本稀缺。同时，传统农业的制度、R&D、教育和生产服务体系等现代要素资源相当稀缺，因此，传统农业向现代农业的转变必须依靠现代非农部门的发展。这和舒尔茨提出的"改造传统农业"思想不谋而合。

（二）国家间农业生产率差距

认识并探究发展中国家和发达国家农业生产率的差距及原因是研究发展中国家农业转型的前提。速水佑次郎和弗农·拉坦于 1970 年在 AER（American Economic Review，美国经济评论）上发表的论文 Agricultural Productivity Differences among Countries 引领了一系列关于国家间农业生产率差别的实证研究。他们观察到，发达国家和发展中国家在农业生产率上有差异显著。Kawagoe et al.（1985）的研究发现 1960—1980 年世界农业生产结构（不同要素的生产弹性间的关系）并没有发生显著改变。发达国家农业呈现规模报酬递增的趋势，而发展中国家呈现出规模报酬不变的趋势。劳动生产率差距是影响发达国家和发展中国家农业生产率的重要因素。发展中国家的农业生产率可以通过教育、R&D 等投资的增加而提升，人口增长和技术进步会影响农业的整体发展。当农业劳动收益率和大型机械回报率提高时，该国农业开始呈现规模报酬增加的趋势，农业劳动力开始向非农转移，国家农业生产的比较优势迅速改变。后来，发展经济学家们也陆续观察到了穷国和富国之间的农业劳动生产率差距，并用以解释国家间收入差距，还用农业生产率差距（agricultural productivity gap）表示这种现象。

后续研究对解释这种农业生产率差距的原因进行了探索，提出了可能的影响因素，包括要素使用强度的差异（Restuccia et al.，2008；Donovan，2016；Chen，2020）、不同部门的工作时长和人力资本差异（Lagakos and Waugh，2013；Gollin et al.，2014）、各部门人力资本回报的差异（Herrendorf and Schoellman，2015）、政策扭曲发生率的差异（Adamopoulos and Restuccia，2014；Gottlieb and Grobovšek，2019；Chari et al.，2020），以及体现在设备中的技术采用模式差异和生产中使用的物质资本质量的差异（Caunedo and Keller，2020）。

（三）发展中国家的农业转型

发展中国家农业转型的文献主要关注农业生产力与工业发展之间的关系。Nurkse（1953），Schultz（1953）和 Rostow（1960）认为，农业生产力增长是工业革命的重要前提条件。关于结构转型的经典模型将他们的想法正式化，该模型提出在封闭式经济中，农业生产力可以通过两个渠道加快工业增长。首先是需求渠道。农业生产力的增长提高了人均收入，如果人们的偏好不是同质的，就可能产生对制造业产品的需求。对制造业相对需求的提高，会导致劳动力向非农部门的重新分配(Murphy et al., 1989;Kongsamut et al., 2001;Gollin et al., 2002)。其次是供给渠道。如果农业生产率增长快于制造业,而这些商品仅仅是消费中的补充,那么,对农产品相对需求量的增长速度就低于劳动力向制造业重新分配的速度(Baumol, 1967;Ngai and Pissarides,2007)。综上,农业生产力的提高可以实现并进一步促进制造业发展。

研究开放经济体工业化经验的学者对这种增长提出了质疑。这些学者认为,随着劳动力向具有比较优势的部门重新分配,高农业生产率可能会阻碍工业增长(Mokyr, 1976;Field, 1978;Wright, 1979)。他们的观点被 Matsuyama (1992)正式化,该项研究表明在一个小型的开放经济中,需求和供给渠道并不具备操作性,因为这个开放经济中以全球价格计算的商品是完全弹性的。在模型中,只有一种生产投入,因此根据定义技术变化是希克斯中性(Hicks-neutral)的。

面对文献中的争论,Busto et al.(2016)通过研究巴西引进转基因大豆种子的情况来检验农业生产率对工业发展的影响,他们采用两种技术进步类型(劳动节约型和土地节约型)的实证结果发现,大豆生产的技术变革具有很强的劳动节约性,并导致了工业增长。该研究证实了当技术变革是劳动节约型的情况下,即使在开放的经济体中,农业生产率的提高也会导致劳动力向工业部门的重新配置。

参考文献

[1] 龚斌磊,张书睿,王硕,等. 新中国成立 70 年农业技术进步研究综述. 农业经济问题,2020(6):11-29.

[2] 何爱,曾楚宏. 诱致性技术创新:文献综述及其引申. 改革,2010 (6):45-48.

[3] 黄祖辉,钱峰燕. 技术进步对我国农民收入的影响及对策分析. 中国农村经济,2003 (12):11-17.

[4] 陆文聪,余新平. 中国农业科技进步与农民收入增长. 浙江大学学报(人文社会科学版),2013,43(4):5-6.

[5] 俞培果,蒋葵. 农业科技投入的价格效应和分配效应探析. 中国农村经济,2006 (7):54-62.

[6] 郑旭媛,徐志刚. 资源禀赋约束、要素替代与诱致性技术变迁——以中国粮食生产的机械化为例. 经济学(季刊). 2017(1):49-70.

[7] Adamopoulos T, Restuccia D. The size distribution of farms and

international productivity differences. American Economic Review，2014，104(6)：1667-97

[8] Ahmad S. On the theory of induced invention. Economic Journal，1966，76(302)：344-357.

[9] Alston J M，Pardey P G，James J S，et al. The economics of agricultural R&D. Annual Review of Resource Economics，2009，1(1)：537-566.

[10] Alston J M，Pardey P G. Agriculture in the global economy. Journal of Economic Perspectives，2014，28(1)：121-46.

[11] Alston J M. Reflections on agricultural R&D，productivity，and the data constraint：unfinished business，unsettled issues. American Journal of Agricultural Economics，2018，100(2)：392-413.

[12] Andersen M A，Pardey P G，Craig B J，et al. Measuring capital inputs using the physical inventory method：with application to US agriculture. Working Paper，2009.

[13] Baumol W J. Macroeconomics of unbalanced growth：the anatomy of urban crisis. American Economic Review，1967，57(3)：415-426.

[14] Benjamin W C，Daegoon L C，Shummway R. The induced innovation hypothesis and U. S. public agricultural research. American Journal of Agricultural Economics，2015，97(3)：727-742.

[15] Binswanger H P. The measurement of technical change biases with many factors of production. American Economic Review，1974，64 (6)：964-976.

[16] Bustos P，Caprettini B，Ponticelli J. Agricultural productivity and structural transformation：evidence from Brazil. American Economic Review，2016，106(6)：1320-65.

[17] Chari A V，Liu E M，Wang S Y，et al. Property rights，land misallocation and agricultural efficiency in china. Review of Economic Studies，2020，forthcoming.

[18] Chen C. Technology adoption，capital deepening，and international productivity differences. Journal of Development Economics，2020，143：102388.

[19] Chen S. Gong B. Response and adaptation of agriculture to climate change：evidence from China. Journal of Development Economics，2021，

148，102557.

[20] Cochrane W W. Farm prices: myth and reality. Minneapolis: University of Minnesota Press，1958.

[21] Donovan K. Agricultural risk, intermediate inputs, and cross-country productivity differences. Working Paper，2016.

[22] Field A J. Sectoral shift in antebellum massachusetts: a reconsideration. Explorations in Economic History，1978，15(2): 146-171.

[23] Gollin D. Getting income shares right. Journal of Political Economy，2002，110(2): 458-474.

[24] Gollin D, Parente S, Rogerson R. The role of agriculture in development. American Economic Review，2002，92(2): 160-164.

[25] Gollin D, Lagakos D, Waugh M E. The agricultural productivity gap. Quarterly Journal of Economics，2014，129(2): 939-993.

[26] Gong B. New growth accounting. American Journal of Agricultural Economics，2020，102(2): 641-661.

[27] Gottlieb C, Grobovšek J. Communal land and agricultural productivity. Journal of Development Economics，2019，138: 135-152.

[28] Griliches Z. The sources of measured productivity growth: United States agriculture，1940-60. Journal of Political Economy，1963，71 (4): 331-346.

[29] Hayami Y, Ruttan V W. Agricultural productivity differences among countries. American Economic Review，1970: 895-911.

[30] Hayami Y, Ruttan V W. Agricultural development: an international perspective. Baltimore, Md/London: The Johns Hopkins Press，1971.

[31] Hayami Y, Herdt R W. Market price effects of technological change on income distribution in semisubsistence agriculture. American Journal of Agricultural Economics，1977，59(2): 245-256.

[32] Herrendorf B, Schoellman T. Why is measured productivity so low in agriculture?. Review of Economic Dynamics，2015，18(4): 1003-1022

[33] Hicks J. The theory of wages. London: Macmillan，1932.

[34] Kawagoe T, Hayami Y, Ruttan V W. The intercountry agricultural production function and productivity differences among countries. Journal of Development economics，1985，19(1-2): 113-132.

［35］Kawagoe T，Hayami O Y. Induced bias of technical change in agriculture: the United States and Japan，1880—1980. Journal of Political Economy，1986，94(3):523-544.

［36］Koester U. Broad outline of the agricultural market theory. Munich: Vahlen，Germany，1992.

［37］Kongsamut P，Rebelo S，Xie D. Beyond balanced growth. Review of Economic Studies，2001，68(4): 869-882.

［38］Lagakos D，Waugh M E. Selection，agriculture，and cross-country productivity differences. American Economic Review，2013，103(2): 948-80.

［39］Levins R A，Cochrane W W. The treadmill revisited. Land Economics，1996，72(4): 550-553.

［40］Liu Y，Shumway R. Induced innovation in U. S. agriculture: time-Series，direct econometric，and nonparametric tests. American Journal of Agricultural Economics，2009，91(1)，224-236.

［41］Matsuyama K. Agricultural productivity，comparative advantage，and economic growth. Journal of Economic Theory，1992，58(2): 317-334.

［42］Mellor J W. The economics of agricultural development，1966.

［43］Mokyr J. Industrial growth and stagnation in the low countries，1800—1850. Journal of Economic History，1976，36(1): 276-278.

［44］Murphy K M，Shleifer A，Vishny R. Income distribution，market size，and industrialization. Quarterly Journal of Economics，1989，104(3): 537-564.

［45］Ngai L R，Pissarides C A. Structural change in a multisector model of growth. American Economic Review，2007，97(1): 429-443.

［46］Nghiep L T. The structure and changes of technology in prewar Japanese agriculture. American Journal of Agricultural Economics，1979，61(4): 687-693.

［47］Nordhaus W D. Some skeptical thoughts on the theory of induced innovation. Quarterly Journal of Economics，1973，87(2):208-219.

［48］Nurkse R. Problems of capital formation in underveloped countries. Oxford: Oxford University Press，1953.

［49］Olmstead A，Paul Rhode. Induced innovation in American agriculture: a reconsideration. Journal of Political Economy，1993，101(1)：100-118.

[50] Pardey P G，Alston J M，Chan-Kang C. Public agricultural R&D over the past half century：an emerging new world order. Agricultural Economics，2013，44(s1)：103-113.

[51] Popp D. Induced innovation and energy prices. American Economic Review，2002，92(1)：160-180.

[52] Restuccia D，Yang D T，Zhu X. Agriculture and aggregate productivity：a quantitative cross-country analysis. Journal of Monetary Economics，2008，55(2)：234-250.

[53] Röling N. From causes to reasons：the human dimension of agricultural sustainability. International Journal of Agricultural Sustainability，2003，1(1)：73-88.

[54] Rostow W W. The stages of economic growth：A non-communist manifesto. Cambridge：Cambridge university press，1990.

[55] Ruttan V W，Hayami. Factor prices and technical change in agricultural development：The United States and Japan，1880—1960. Journal of Political Economy，1970，78(5)：1115-1141.

[56] Samuelson P A. A theory of induced innovation along Kennedy-Weisäcker lines. Review of Economics and Statistics，1965：343-356.

[57] Schultz T W. The economic organization of agriculture. 1953.

[58] Schultz T W. Transforming traditional agriculture. New Haven：Yale University Press，1964.

[59] Whitmarsh D J. The fisheries treadmill. Land Economics，1998，74(3)：422-427.

[60] Wright G. Cheap labor and Southern textiles before 1880. Journal of Economic History，1979：655-680.

[61] Zhang S，Wang S，Yuan L，et al. The impact of epidemics on agricultural production and forecast of COVID-19. China Agricultural Economic Review，2020，12(3)：409-425.

第二部分

农业技术进步率的测算方法

近年来,农业全要素生产率(TFP)测算是农业技术进步研究的重要分支。与土地、资本等单要素生产率相比,农业全要素生产率是一种对所有投入要素进行测量的生产率(Coelli et al.,2006),其增速是指剔除全部投入要素后产出仍能增加的部分,强调投入要素整体的配置组合情况、效率提升情况以及前沿面变动情况,从而更全面地反映农业技术进步效果。从概念上看,农业全要素生产率在本质上属于"广义"的农业技术进步,即不仅包括机械等实体化的农业硬技术进步,还包括经营管理技术等非实体的农业软技术进步。通过数据包络分析(DEA)和随机前沿分析(SFA)等测算方法,可以将农业全要素生产率进一步分解为技术进步(狭义)和技术效率等部分,其中技术进步主要衡量生产前沿面的移动,即狭义的农业技术进步。

图1描述了某农业生产主体从 t 时期 P 点到 $t+1$ 时期 Q 点的农业生产变化过程。图中横轴表示农业投入要素组合 X,纵轴表示农业产出 Y,$f_0(x, t)$ 和 $f(x, t+1)$ 分别代表两个时期由于技术进步带来的两个生产前沿面。Farrell(1957)首先提出了前沿生产函数的概念,前沿生产函数是指给定技术条件和既定投入下所能达到的最大产出关系,通过比较实际产出与最优产出之间的差距可以反映该生产主体的生产效率。

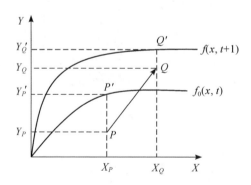

图1　农业全要素生产率的变化及分解

如图1所示,在 t 时期,P 点处在前沿面 $f_0(x, t)$ 之下,说明此时该农业生产主体处于技术欠缺效率状态,而该要素组合上的最优产出为当期前沿面上 P' 点所对应的 $Y_{P'}$,P' 点处于技术完全效率状态,P

与 P' 的距离反映了技术效率的缺失程度,同理在 $t+1$ 时期 Q 与 Q' 的距离也对应了个体技术效率的缺失程度。另外,从 t 时期到 $t+1$ 时期,生产前沿面由 $f_0(x, t)$ 移动到 $f(x, t+1)$ 位置,说明在 $t+1$ 时期该农业生产主体使用了更为先进的生产技术,即在既定投入下可以获得更多产出,体现了技术进步带来的生产前沿面移动。综上,从 t 时期 P 点到 $t+1$ 时期的 Q 点,图中这一农业生产主体经历了技术效率改善和技术进步两阶段,最终实现了农业全要素生产率的提升。

虽然经济增长与技术进步的思想与理论发展已久,然而直到 20 世纪 50 年代,学界才对以全要素生产率为代表的技术进步率展开量化测算的探索。本书第二部分将对国内外主流的全要素生产率测算及分解方法进行梳理,并评析不同方法的优劣及其在农业领域的经典应用。按照不同的测算逻辑和模型假设,可将全要素生产率的测算方法划分为索洛余值法、指数法、数据包络分析(DEA)和随机前沿分析(SFA)四种类型,分别在第四至七章简要介绍。

第四章　索洛余值法与生产函数法

一、索洛余值法的基本原理

索洛余值法是公认的第一种测算技术进步率的方法，由索洛 Solow(1957)提出，时至今日仍然在学界广泛使用，因此索洛余值法也被视作全要素生产率的标准/基准算法(benchmark)。索洛余值法认为在总产出增加中不能由资本、劳动力等投入要素增加而解释的部分是技术进步导致的，其核心思想是产出增长率扣除所有实物投入要素增长率后剩余的部分，即为全要素生产率的增长率。

首先考虑一个具有 n 种生产投入要素的生产过程，使用索洛余值法计算全要素生产率的公式推导过程如下：

$$Y = A\, f(X_n) \tag{4.1}$$

其中，Y 为总产出，A 为技术水平因子，$X_n = (x_1, x_2, \cdots, x_n)$ 为要素投入向量，$f(X_n)$ 为一般化的生产函数。将式(4.1)进行全微分并整理可得索洛余值，即全要素生产率的增长率：

$$\text{TFPG} = \frac{A'}{A} = \frac{Y'}{Y} - \sum_{i=1}^{n} \delta_n \frac{x_n{}'}{x_n} \tag{4.2}$$

其中，δ_n 代表各生产投入要素影响产出的弹性系数。

可以看出，使用索洛余值法计算全要素生产率的关键在于各投入要素产出弹性的计算。早期的研究通常在代入公式前根据前人研究或经验人为确定各要素的产出弹性值，但这种方法过于主观，缺乏科学性。因此，索洛余值通常与生产函数相结合，即通过建立适当的生产函数模型求出各投入要素的产出弹性，进而得出全要素生产率。综上，索洛余值法在技术进步领域的发展逻辑主要基于生产函数形式设定的相关研究。

二、生产函数的形式设定

（一）柯布-道格拉斯（Cobb-Douglas）生产函数

索洛余值法中应用最广泛的生产函数形式是柯布-道格拉斯（Cobb-Douglas）生产函数。考虑只有资本和劳动两种投入要素的生产过程，并遵循希克斯技术进步中性（即技术进步变化不会影响要素间的边际替代率变化）和规模报酬不变的假设。进一步引入时间变量 t 衡量技术变化，建立如下 Cobb-Douglas 函数形式：

$$Y_t = Ae^{\lambda t}K_t^{\alpha}L_t^{\beta}e^{\mu} \tag{4.3}$$

其中，A 为常数项，$e^{\lambda t}$ 表示技术进步对第 t 年产出的影响系数，e^{μ} 为残差项。对式（4.3）两边取自然对数：

$$\ln Y = \ln A + \lambda t + \alpha \ln K + \beta \ln L + \mu \tag{4.4}$$

由规模报酬不变的假设可知，$\beta = 1 - \alpha$，将式（4.4）中的 β 替换并整理可得：

$$\ln\left(\frac{Y}{L}\right) = \ln A + \lambda t + \alpha \ln\left(\frac{K}{L}\right) + \mu \tag{4.5}$$

通过回归分析可以求得 α 和 λ，λ 即为全要素生产率的年平均增长率。进一步将 α 代入式（4.3）可得到每年的全要素生产率增长率：

$$\text{TFPG} = \frac{A'}{A} = \frac{Y'}{Y} - \alpha\frac{K'}{K} - (1-\alpha)\frac{L'}{L} \tag{4.6}$$

Cobb-Douglas 生产函数变量的经济意义明确，实际操作简便且需要估计的参数较少，可以有效避免复杂形式带来的多重共线性问题，因此在实证研究中应用广泛（Gong，2018a；Gong，2020a）。然而，Cobb-Douglas 生产函数需要设定严格的理论假设，如技术进步中性，这可能与实际经济生产情况不相符，从而产生估计偏误。

（二）常替代弹性（CES）生产函数

Cobb-Douglas 生产函数需要遵循替代弹性恒定为一的假设，为了放松这个约束，Arrow et al.（1961）构造了常替代弹性（CES）生产函数，而 Diwan（1966）在研究规模报酬的过程中，进一步将 CES 生产函数变为更一般的形式，并加入了时间变量 t。CES 生产函数的一般形式如下：

$$Y_t = Ae^{\lambda t}[\delta K_t^{-\rho} + (1-\delta)L_t^{-\rho}]^{-\nu/\rho}e^\mu \tag{4.7}$$

其中,与式(4.3)中 Cobb-Douglas 生产函数的一般形式不同的是,CES 生产函数共有三种参数:δ 为分配参数,$0 < \delta < 1$;ρ 为替代参数,$-1 \leqslant \rho \leqslant \infty$,替代弹性 $\sigma = 1/(1+\rho)$ 为常数;ν 为规模报酬参数,$\nu = 1$ 为规模报酬不变,$\nu < 1$ 为规模报酬递减,$\nu > 1$ 为规模报酬递增。可以证明,若 $\rho \to 0$,CES 生产函数将转化为 Cobb-Douglas 生产函数,并体现不同的规模报酬变化。其余变量含义与式(4.3)一致。将式(4.7)两边进行对数化处理可得:

$$\ln Y = \ln A + \lambda t + \nu\delta\ln K + \nu(1-\delta)\ln L - \frac{1}{2}\nu\rho\delta(1-\delta)\ln^2\left(\frac{K}{L}\right) + \mu \tag{4.8}$$

通过回归分析求得上式各参数,并将各项参数代入式(4.7),可得到由 CES 生产函数核算的全要素生产率增长率,具体如下:

$$TFPG = \frac{A'}{A} = \frac{Y'}{Y} - \nu\delta\frac{K'}{K} - \nu(1-\delta)\frac{L'}{L} + \nu\rho\delta(1-\delta)\ln(\frac{K}{L})(\frac{K'}{K} - \frac{L'}{L}) \tag{4.9}$$

CES 生产函数虽然放松了替代弹性恒定为一的假设,但其仍假定有固定的替代弹性,而且需要估计的参数较多,容易出现多重共线性的问题,因此在实证研究中应用较少。

(三)超越对数(Translog)生产函数

为了放松上述两种生产函数的固定替代弹性假定,Christensen et al. (1973)构造了超越对数(Translog)生产函数,也称为一般化的可变替代弹性生产函数,其对数化处理的函数形式如下:

$$\ln Y = \alpha_0 + \alpha_K\ln K + \alpha_L\ln L + \frac{1}{2}\alpha_{KK}(\ln K)^2 + \frac{1}{2}\alpha_{LL}(\ln L)^2$$
$$+ \alpha_{KL}\ln K\ln L \tag{4.10}$$

为了直接反映全要素生产率增长率的变化,进一步将时间变量 t 加入式(4.10)中可得:

$$\ln Y = \alpha_0 + \alpha_K\ln K + \alpha_L\ln L + \frac{1}{2}\alpha_{KK}(\ln K)^2 + \frac{1}{2}\alpha_{LL}(\ln L)^2$$
$$+ \alpha_{KL}\ln K\ln L + \alpha_t t + \alpha_{Kt}\ln Kt + \alpha_{Lt}\ln Lt + \frac{1}{2}\alpha_{tt}t^2 \tag{4.11}$$

通过回归分析求得上式各参数,并将各项参数代入式(4.11),进行时间微分处理后,可得到由 Translog 生产函数核算的全要素生产率增长率,具体如下:

$$\text{TFPG} = \alpha_t + \alpha_{Kt} \ln K + \alpha_{Lt} \ln L + \alpha_{tt} t \tag{4.12}$$

与 Cobb-Douglas 函数和 CES 函数相比, Translog 生产函数最大的优势在于放松了固定替代弹性的假设, 较好地考虑到了各种投入要素之间的相互影响, 在实证研究中应用较广泛(Zhang et al., 2020; Chen and Gong, 2021)。然而, Translog 生产函数在实证中也存在估计参数较多和多重共线性等问题, 需要根据实际生产情况合理选用。

三、生产函数的估计策略

传统的生产率估计通常是基于投入和产出数据, 使用最小二乘法(OLS)得到回归后的残差, 进而得到全要素生产率。然而, OLS 回归在实际应用时存在诸多问题。Van Beveren(2012)详细探讨了传统生产率估计策略存在的问题, 由于生产率与投入选择可能是相关的, 在生产函数中使用 OLS 估计法会带来联立性或内生性问题。此外, 如果在估计时不考虑厂商的进入和退出决策, 还会出现选择偏误等问题。基于此, 本节简要梳理文献中较为常用的几种生产率估计策略。

(一)固定效应估计(Fixed Effects Estimation)

通过在生产函数中假定个体的回归方程拥有相同的斜率, 但可以有不同的截距项, 来捕捉异质性, 这种模型被称为"个体效应模型"(Individual-Specific Effects Model), 即

$$y_{it} = \alpha_0 + \alpha_K K + \alpha_L L + \omega_i + \mu_{it} \tag{4.13}$$

其中, 扰动项由 $\omega_i + \mu_{it}$ 两部分构成, 称为"复合扰动项", 随机变量 ω_i 是代表个体异质性且不随时间变化的截距项, μ_{it} 为随个体与时间而改变的扰动项。如果 ω_i 与某个解释变量相关, 则进一步称为"固定效应模型"(Fixed Effects Model)。

式(4.13)可以使用最小二乘虚拟变量(Least Square Dummy Variable, LSDV)进行估计。固定效应估计在生产率文献中应用已久(Mundlak, 1961; Hoch, 1962; 龚斌磊, 2018), 通过仅使用样本中的企业内部变化, 固定效应估计量克服了上文讨论的联立性偏误(Ackerberg et al., 2007)。此外, 如果退出决策是由时不变的个体固定效应 ω_i 决定的, 而不是由 μ_{it} 决定的, 那么固定效应估计也可以消除由样本内生退出而造成的选择偏误。

然而, 固定效应在实际应用时存在很多问题, 比如对资本投入系数的低估等

（Ackerberg et al.，2007）。Olley and Pakes(1996)分别对平衡面板和非平衡面板进行了固定效应估计，发现两组系数之间存在较大差异，这表明固定效应模型的假设是无效的。Wooldridge(2009)指出，固定效应估计量对投入施加了严格的外生性约束，而且成立条件是企业的异质性，从经济角度来说，这意味着不能根据生产力变化来选择投入，这一假设在实践中不太可能成立。

（二）工具变量法和广义矩阵法（IV and GMM）

另一种实现生产函数系数一致性的方法是工具变量法（Instrument Variable，IV）。要实现 IV 估计的一致性，必须满足三个假设：①工具变量与内生的投入变量相关；②工具变量不能直接进入生产函数中；③工具变量与扰动项不相关。传统的工具变量法一般通过"两阶段最小二乘法"（Two Stage Least Square，2SLS）估计。在球形扰动项的假定下，2SLS 是最有效率的，但如果扰动项存在异方差或自相关，则有更有效的方法，即"广义矩估计"（Generalized Method of Moments，GMM）。

假设投入和产出市场是完全竞争的，投入和产出价格是工具变量的自然选择（Ackerberg et al.，2007；Gong，2018b）。然而，如果厂商具有市场支配能力，那么它将至少部分地根据投入数量和生产率来确定价格，因此会使投入价格内生。此外，企业通常在财报中不会直接报告投入价格，一般将劳动力成本报告为每个工人的平均工资。然而，工资往往因工人的技术水平和质量而有所不同，这些因素可能进一步传递到企业的生产率水平中，进而影响工具变量的有效性。Ackerberg et al.(2007)还指出，研发（R&D）在很大程度上会影响企业生产率，如果在生产函数中不考虑研发的作用，那么投入价格就不再被认为是有效的工具变量。

滞后期的投入水平也是较为常见的工具变量（Gong，2020b）。具体来说，在对生产函数进行差分之后，滞后期的投入可以作为投入变化的工具变量（Wooldridge，2009）。然而，由于投入随着时间的推移通常具有高度的持续性，投入的滞后期水平往往与投入变化只有微弱的相关性（Blundell & Bond，1999），因此在实践中使用滞后期的投入来衡量投入的变化可能会导致资本系数向下倾斜或不显著。为了解决这一问题，Blundell and Bond(1999)提出了扩展的 GMM 估计，即利用变量的一阶滞后项作为方程的工具变量，并证明了这种参数估计更为合理（Gong，2020c）。

在生产函数估计中还可以使用改变产出需求或影响投入供给的变量（如天气条件、对劳动力或资本市场的外生冲击等）作为工具变量，这些因素通常与企业的市场支配力无关，因此与投入价格相比，这些工具变量可能更为有效。然而，Ackerberg et al. (2007)也发现，在这种情况下，工具变量法只是处理了投入的内生性问题，如果所选择的工具变量与企业的退出决策相关，这可能会使得原来的工具变量失效。

（三）OP 估计法（Olley-Pakes Estimation Algorithm）

Olley and Pakes(1996)首先引入了一种明确考虑选择和联立性问题的估计算法，将投资作为未观测到的生产率/效率冲击的代理。该模型（简称为 OP 模型）的行为框架主要包括进入和退出决策、投资和资本积累方程，以及马尔可夫完美纳什均衡（Markov Perfect Nash Equilibrium）的假设。在 OP 模型中，企业做出劳动和投资决策，使未来利润的净现值最大化。假设生产函数遵循 Cobb-Douglas 构造：

$$y_{it} = \beta_k k_{it} + \beta_l l_{it} + w_{it} + \epsilon_{it} \tag{4.14}$$

其中，w_{it} 衡量生产率/效率冲击。Ackerberg et al. (2015)总结了 OP 模型中的五个假设，主要包括企业生产率冲击的信息集、生产率冲击的一阶马尔可夫演化、投入决策的时间安排、投资函数的形式以及生产率和投资水平的严格单调性。其中，第四个假设认为，投资是资本和生产率冲击的函数，即 $i_{it} = f_t(K_{it}, w_{it})$。最后一个关于生产率和投资水平严格单调性的假设是指未来的生产率关于当期不可观测生产率是严格递增的，也就是说未来的投资也会随着当期不可观测生产率严格递增，这说明反函数 $w_{it} = f_t^{-1}(i_{it}, k_{it})$ 存在。进一步，将式(4.14)整理可得：

$$y_{it} = \beta_k k_{it} + \beta_l l_{it} + f_t^{-1}(i_{it}, k_{it}) + \epsilon_{it} = \beta_l l_{it} + \varphi_t^{-1}(i_{it}, k_{it}) + \epsilon_{it}$$

$$\tag{4.15}$$

在第一阶段，使用 OLS 法对式(4.15)进行估计，其中 β_l 是需要识别的目标参数。为了获得估计值 β_l，OP 模型将 ϵ_t^{-1} 作为非参数函数，然而由于 $\beta_k k_{it}$ 和 $f_t^{-1}(i_{it}, k_{it})$ 都包含在非参函数 φ_t^{-1} 中，因此 β_k 的估计值无法一步获得。在第二阶段，OP 模型使用资本决策的时间安排（第三个假设）来识别并估计 β_k。使用 ξ_{it} 定义下一时期预期生产率/效率与实际生产率之差。在给定时期 $t-1$ 信息的条件下，ξ_{it} 在时期 t 的条件期望为 0，即 $E[\xi_{it} \mid I_{it-1}] = 0$。由于当期流动资本等于前期资本减去折旧加上前期投资，信息集 I_{it-1} 包含 k_{it}，因此 $E[\xi_{it} \mid k_{it}] = E[\xi_{it} k_{it}] = 0$。$\beta_k$ 的估计值可通过上述正交条件得到。

在得到 β_k 估计值的基础上，OP 法首先推导出效率/生产率水平 $w_{it}(\beta_k) =$

$\varphi_t(i_{it}, k_{it}) - \beta_k k_{it}$，其中 $\varphi_t(i_{it}, k_{it})$ 在第一阶段已经估计出。进一步，$\xi_{it}(\beta_k) = w_{it}(\beta_k) - \chi(w_{it-1}(\beta_k))$，其中 $\chi(w_{it-1}(\beta_k))$ 是非参数回归中条件期望的拟合值。最后，在正交条件下 $E[\xi_{it} \mid k_{it}] = E[\xi_{it} k_{it}] = 0$，OP 法利用广义矩估计（GMM）求解 $\min_{\beta_k}[\frac{1}{T}\frac{1}{N}\sum^t\sum^i \xi_{it}(\beta_k) k_{it}]$。综上，OP 法以投资作为生产率冲击的代理变量，采用两步法的估计策略，即在第一步估算出劳动投入系数，并得出不直接考察资本的 OLS 拟合残差，在第二步估算出资本投入系数，进而得到生产率（Gong and Sickles，2020；Gong and Sickles，2021）。

（四）LP 估计法（Levinsohn-Petrin Estimation Algorithm）

与 OP 法不同，Levinsohn and Petrin（2003）使用中间投入作为生产率冲击的代理变量。OP 法的单调性条件要求投资随当期不可观测生产率严格递增，这意味着只能使用投资为正的观察值，进而造成效率损失。此外，投资往往是不稳定的，如果企业报告中投资为零的比重较高，那么 OP 法中单调性假设的有效性存疑。基于此，LP 法使用中间投入而不是投资作为代理，而且由于公司通常会报告每年材料和能源等中间投入品的使用情况，因此可以保留大部分观察结果，这也意味着单调条件更有可能成立。

LP 法使用中间投入作为生产率冲击的代理变量，这意味着中间投入可以表示为资本与生产率的函数，即 $m_{it} = f_t(k_{it}, w_{it})$。进一步，在严格单调性的假设下，反函数 $w_{it} = f_t^{-1}(m_{it}, k_{it})$ 存在。最后，整理可得：

$$y_{it} = \beta_k k_{it} + \beta_l l_{it} + \beta_m m_{it} + f_t^{-1}(m_{it}, k_{it}) + \epsilon_{it} \tag{4.16}$$

LP 法的具体估计过程与 OP 法类似，在此不再赘述。

（五）其他方法

近年来还有一些学者致力于放松上述估计策略的各种假设，进一步探索新的估计方法。Ackerberg et al.（2015）扩展了 OP 的半参数估计，以解决劳动变量的多重共线性和识别问题，ACF 法（Ackerberg-Caves-Frazer Estimation Algorithm）在估算的第一阶段不再估计劳动投入系数，所有投入系数均在第二阶段得到。Wooldridge（2009）改进了 OP、LP、ACF 法的估算策略[①]，在半参数

[①]　ACF 法的工作论文 2006 年已经公布在网络上，但直到 2015 年才正式发表。因此 Wooldridge 在其 2009 年的论文中已经能够对 ACF 法提出改进意见。

估计中引入一步 GMM 法。De Loecker(2007)通过在生产函数中添加工业产出作为额外的回归因子来替代未观测到的企业价格,进而修正了遗漏价格偏误的问题。Katayama et al.(2009)允许行业差异化(即以不完全竞争为特征),利用企业层面的总成本和总收入数据,结合需求系统和利润最大化的第一阶条件,计算出不可观测的边际成本、产品吸引力指数、产品价格和数量,进而放松了完全竞争的假设。

四、索洛余值法的评析及其在农业技术进步领域的应用

索洛余值法的理论原理简洁、经济含义明确且实际操作简单,然而,虽然索洛余值法有诸多优势,但也存在几个明显的缺陷。一方面,索洛余值法的使用需要依靠一些假设条件,这可能与实际经济生产情况不相符。Kim and Lau (1994)质疑了规模报酬不变的假设,他们在测算后发现东亚新兴工业化国家的规模报酬普遍大于 1;Felipe(1999)质疑了索洛余值法中隐含的技术外生性假设,他认为投入要素与技术之间存在着交互影响,但在索洛余值法中技术进步分割于生产函数所代表的经济生产过程之外。另一方面,索洛余值法对技术进步内涵的理解过于宽泛,将不能由实物投入要素投入增加来解释的总产出的增加都归因于技术进步,但无法避免测量误差、生产无效率等其他非技术进步因素的影响。Jorgenson and Grilliches(1967)认为使用索洛余值法测算出的全要素生产率只是来源于测量误差或遗漏变量的一种残差,使用该方法无法将真正的技术进步和其他部分剥离开来,导致测量结果与真实的技术进步之间可能存在偏差。基于此,近年来索洛余值法的演进主要遵循以下两个研究线索进行:一是构建新的生产函数,逐步放松索洛余值法中的理论假设;二是与随机前沿分析等测算方法相结合,避免非技术进步因素对全要素生产率测算的干扰。

在农业技术进步的相关研究中,索洛余值法一直是基准测算方法。Cordoba and Ripoll(2009)使用包含由要素禀赋决定的多样化成分(diversification component)的 Cobb-Douglas 生产函数,测算农业与非农业两部门经济增长率,并与经典的索洛余值的结果相比较。Moghaddasi and Pour(2016)采用索洛余值法研究了伊朗 1974—2012 年农业能源消耗与农业全要素生产率增长之间的关系。Bachewe et al.(2018)使用调整后的索洛分解模型将农业产出增长分解为有助于产出变化的外生因素变化、投入要素变化以及农业全要素生产率的变

化。在生产函数形式设定方面,Shih et al. (1977)分别使用 Cobb-Douglas 生产函数和 Translog 生产函数测算台湾地区的农业增长情况,并比较两种模型结果的有效性。Bustos et al. (2016)通过构造 CES 生产函数研究采用新农业技术对巴西经济结构转型的影响,研究发现以转基因大豆为代表的劳动节约型生产技术有效推动了工业增长和经济转型。Monteforte(2020)采用动态二元经济模型研究西班牙结构转型与劳动力市场,并根据数据特性,在农业部门构建 CES 生产函数,在非农业部门构建 Cobb-Douglas 生产函数,研究发现农业生产率的提高是西班牙结构变化的主要驱动力。

参考文献

［1］龚斌磊. 投入要素与生产率对中国农业增长的贡献度研究. 农业技术经济,2018,6：4-18.

［2］Ackerberg D A,Benkard C L,Berry S,et al. Econometric tools for analyzing market outcomes. Handbook of Econometrics,2007,6(1)：4171-4276.

［3］Ackerberg D A,Caves K,Frazer G. Identification properties of recent production function estimators. Econometrica,2015,83(6)：2411-2451.

［4］Arrow K J,Chenery H B,Minhas B S,et al. Capital-labor substitution and economic efficiency. Review of Economics and Statistics,1961,43(5)：225-254.

［5］Bachewe F N,Berhane G,Minten B,et al. Agricultural transformation in Africa? Assessing the evidence in Ethiopia. World Development,2018,105：286-298.

［6］Beveren I V. Total factor productivity estimation：a practical review. Journal of Economic Surveys,2012,26(1)：98-128.

［7］Blundell R,Bond S. GMM estimation with persistent panel data：an application to production functions. IFS Working Paper,1999,W99/4.

［8］Bustos P,Caprettini B,Ponticelli J,et al. Agricultural productivity and structural transformation：evidence from Brazil. American Economic Review,2016,106(6)：1320-1365.

［9］Chen S,Gong B. Response and adaptation of agriculture to climate change：evidence from China. Journal of Development Economics,2021,148：102557.

[10] Christensen L, Jorgensen D, Lau L. Transcendental logarithmic production frontiers. Review of Economics and Statistics, 1973, 55(1): 2-45.

[11] Coelli T J, Rao D S P, Christopher J, et al. An introduction to efficiency and productivity analysis. Boston: Springer Publishers, 2006.

[12] Cordoba J C, Ripoll M. Agriculture and aggregation. Economics Letters, 2009, 105(1): 110-112.

[13] De Loecker J. Product differentiation, multi-product firms and estimating the impact of trade liberalization on productivity. National Bureau of Economic Research Working Paper Series, 2007, 13155.

[14] Diwan R K. Alternative specifications of economies of scale. Economica, 1966, 33(132): 442-453.

[15] Farrell M J. The measurement of productive efficiency. Journal of the Royal Statistic Society, 1957, 120: 252-259.

[16] Felipe J. Total factor productivity growth in east Asia: a critical survey. Journal of Development Studies, 1999, 35(4): 1-41.

[17] Gong B. Agricultural reforms and production in China: changes in provincial production function and productivity in 1978—2015. Journal of Development Economics, 2018a, 132: 18-31.

[18] Gong B. The shale technical revolution-cheer or fear? Impact analysis on efficiency in the global oilfield market. Energy Policy, 2018b, 112: 162-172.

[19] Gong B. Agricultural productivity convergence in China. China Economic Review, 2020a, 60.

[20] Gong B. Effects of ownership and business portfolio on production in the oil and gas industry. Energy Journal, 2020b, 41(1): 33-54.

[21] Gong B. New growth accounting. American Journal of Agricultural Economics, 2020c, 102(2): 641-661.

[22] Gong B, Sickles R. Non-structural and structural models in productivity analysis: study of the British isles during the 2007—2009 financial crisis. Journal of Productivity Analysis, 2020, 53(2): 243-263.

[23] Gong B, Sickles R. Resource allocation in multi-divisional multi-product firms. Journal of Productivity Analysis, 2021, 55(2):47-70.

[24] Hoch I. Estimation of production function parameters combining time

series and cross-section data. Econometrica，1962，30：34-53.

［25］Jorgenson D，Griliches Z. The explanation of productivity change. Review of Economic Studies，1967，34(3)：249-283.

［26］Katayama H，Lu S，Tybout J R. Firm-level productivity studies：illusions and a solution. International Journal of Industrial Organization，2009，27：403-413.

［27］Kim J，Lau L J. The sources of economic growth of the east Asian newly industrialized countries. Journal of the Japanese and International Economies，1994，8：235-271.

［28］Levinsohn J，Petrin A. Estimating production functions using inputs to control for unobservables. Review of Economic Studies，2003，70：317-341.

［29］Moghaddasi R，Pour A A. Energy consumption and total factor productivity growth in Iranian agriculture. Energy Reports，2016，2：218-220.

［30］Monteforte F. Structural change，the push-pull hypothesis and the Spanish labor market. Economic Modelling，2020，86：148-169.

［31］Mundlak Y. Empirical production function free of management bias. Journal of Farm Economics，1961，43：44-56.

［32］Olley S G，Pakes A. The dynamics of productivity in the telecommunications equipment industry. Econometrica，1996，64：1263-1297.

［33］Shih J，Hushak L，Rask N. The validity of the Cobb-Douglas specification in Taiwan's developing agriculture. American Journal of Agricultural Economics，1977，59(3)：554-558.

［34］Solow R K. Technical change and the aggregate production function. Review of Economics and Statistics，1957，39：312-320.

［35］Wooldridge J M. On estimating firm-level production functions using proxy variables to control for unobservables. Economics Letters，2009，104(3)：112-114.

［36］Zhang S，Wang S，Yuan L，et al. The impact of epidemics on agricultural production and forecast of COVID-19. China Agricultural Economic Review，2020，12(3)：409-425.

第五章　指数法

一、指数法主要类型

将指数用于对全要素生产率(TFP)变化的测量,就产生了广为流行的 TFP 指数。用来计算全要素生产率的指数种类较多,其中 Divisia 指数、Tornquist 指数、Fisher 指数以及 Malmquist 指数的应用较为广泛(Coelli et al. ,2006)。

(一)Divisia 指数

1924 年法国经济学家 Divisia 构造了一种新的指数形式。与索洛余值法相似,Divisia 指数计算全要素生产率增长率的原理也是用产出增长率扣除投入要素增长率,进而得到全要素生产率增长率。Divisia TFP 指数的基本设定如下:

$$\text{TFPG} = \sum \beta_j y_j - \sum \alpha_i x_i \tag{5.1}$$

其中, x_i 代表某种投入, ω_i 是投入要素价格, y_j 代表产出, p_j 是产出价格。 $y_j = \dfrac{\mathrm{d}y_j}{\mathrm{d}t}/y_j$ 是产出增长率, $x_i = \dfrac{\mathrm{d}x_i}{\mathrm{d}t}/x_i$ 是投入要素的增长率, $\alpha_i = \dfrac{\omega_i x_i}{wx}$ 代表第 i 种要素的投入份额, $\beta_j = \dfrac{p_j y_j}{py}$ 代表第 j 种产出的产出份额。

(二)Tornquist 指数

由于 Divisia 指数需要使用连续型数据,而实际生产中的数据通常是离散形式的。基于此,Christensen and Jorgenson(1970)将 Divisia 指数改造成离散形式的 Tornquist 指数。Tornquist TFP 指数的基本设定如下:

$$\text{TFPG} = \sum^{j} \frac{1}{2}(\beta_j^t + \beta_j^{t+1})(\ln y_j^{t+1} - \ln y_j^t) - \sum^{i} \frac{1}{2}(\alpha_i^t + \alpha_i^{t+1})(\ln x_i^{t+1}$$
$$- \ln x_i^t) \tag{5.2}$$

其中,各字母的经济含义与式(5.1)一致。

可以看出,Tornquist TFP 指数主要分为产出指数和投入指数两部分,利用产出和投入要素增长率,以及两期之间投入要素产出占比的平均值,得到全要素生产率的增长率。此外,在实证研究中 Tornquist 指数经常与 Theil 指数(Theil,1965)结合,形成 Tornquist-Theil 指数(Rosegrant and Evenson,1992)。

(三)Fisher 指数

除了 Tornquist 指数,Diewert(1976,1992)还将 Divisia 指数改造成离散形式的 Fisher 指数。Fisher 指数可以将价值指数分解为价格和数量两部分,这比Tornquist 指数更加直观和便于理解。Fisher TFP 指数的基本设定如下:

$$\text{TFPG} = \frac{1}{2}\left(\ln \frac{p^t y^{t+1}}{p^t y^t} + \ln \frac{p^{t+1} y^{t+1}}{p^{t+1} y^t}\right) - \frac{1}{2}\left(\ln \frac{\omega^t x^{t+1}}{\omega^t x^t} + \ln \frac{\omega^{t+1} x^{t+1}}{\omega^{t+1} x^t}\right)$$
$$\tag{5.3}$$

其中,各字母的经济含义与式(5.1)一致。

上述三种 TFP 指数通常不需要设定生产函数形式,但也可以从生产函数角度推导。Hulten(1973)发现如果从生产函数角度推导 Divisia 指数,可以放松索洛余值法中规模报酬不变的约束。Diewert(1976)证明了 Tornquist 指数可以由对数形式的线性齐次加总函数推导得出,并将其称为超越对数指数(Translog Index)。而 Fisher 指数可对应为一个相当灵活的函数形式,即对任意两次连续可微的加总函数的二次近似(Diewert,1976)。此外,由于 Tornquist 指数和Fisher 指数都得到了对真实产出指数与投入指数的合理近似,因此在大部分包含时间序列数据的实证研究中,这两种指数计算得到的全要素生产率指数在数值上非常接近(Diewert and Nakamura,2003)。然而,上述三种指数的缺陷在于无法对全要素生产率进行很好地分解,因此近年来既能够分解 TFP 又可以交叉使用参数法与非参数法的 Malmquist 指数得到了广泛应用。

(四)Malmquist 指数

Malmquist 指数是使用距离函数定义的。距离函数描述了一种多投入、多产出的生产技术,而不需要指定行为目标(如成本最小化或利润最大化)。距离函数可以分为投入距离函数和产出距离函数,投入距离函数通过观察给定产出向量时投入向量的最小收缩比例来描述生产技术，产出距离函数则考虑给定一个投入向量时产出向量的最大比例扩张。本节使用产出导向的距离函数，首先定义产出集 $P(x) = \{y: 能够生产\ y\ 的投入要素向量\ x\}$，则产出导向的距离函数基本形式如下：

$$d_0(x, y) = \min\left\{\delta : \left(\frac{y}{\delta}\right) \in P(x)\right\} \tag{5.4}$$

其中，δ 为产出距离函数值。

Malmquist TFP 指数通过计算每个数据点相对于通用技术距离的比率来测量两个数据点之间的 TFP 变化（例如，一个特定国家在两个相邻的时间段内的 TFP 变化）。遵循 Färe et al. (1994)的研究，t 期和 $t+1$ 期之间产出导向的 Malmquist TFP 指数具体形式如下：

$$M_0(x^{t+1}, y^{t+1}, x^t, y^t) = \left[\frac{d_0^t(x^{t+1}, y^{t+1})}{d_0^t(x^t, y^t)} \times \frac{d_0^{t+1}(x^{t+1}, y^{t+1})}{d_0^t(x^t, y^t)}\right]^{1/2} \tag{5.5}$$

其中，$d_0^t(x^{t+1}, y^{t+1})$ 表示从 t 时期观测到 $t+1$ 时期技术的距离，M_0 的值大于 1，表示从 t 时期到 $t+1$ 时期 TFP 正增长，而小于 1 则表示 TFP 下降。式(5.5)实际上是两个时期 TFP 指数的几何平均值，将式(5.5)整理可得：

$$M_0(x^{t+1}, y^{t+1}, x^t, y^t) = \frac{d_0^{t+1}(x^{t+1}, y^{t+1})}{d_0^t(x^t, y^t)} \times \left[\frac{d_0^t(x^{t+1}, y^{t+1})}{d_0^{t+1}(x^{t+1}, y^{t+1})}\right.$$
$$\left. \times \frac{d_0^t(x^t, y^t)}{d_0^{t+1}(x^t, y^t)}\right]^{1/2} \tag{5.6}$$

其中，全要素生产率增长率可以通过 $\text{TFPG} = M_0 - 1$ 得到。

由式(5.6)可知，此时 Malmquist TFP 指数可分解为两个成分，一是测算效率变化，二是测算技术变化，具体如下：

$$效率变化\ \text{TE} = \frac{d_0^{t+1}(x^{t+1}, y^{t+1})}{d_0^t(x^t, y^t)} \tag{5.7}$$

$$技术变化\ \text{TC} = \left[\frac{d_0^t(x^{t+1}, y^{t+1})}{d_0^{t+1}(x^{t+1}, y^{t+1})} \times \frac{d_0^t(x^t, y^t)}{d_0^{t+1}(x^t, y^t)}\right]^{1/2} \tag{5.8}$$

一些研究还发现 Malmquist 指数与 Tornquist 指数、Fisher 指数之间存在一定的联系。Caves et al. (1982)发现，如果距离函数是具有相同二阶系数的超越对数形式，并且价格是满足成本最小化或利润最大化的，那么 Malmquist 指数就变成了 Tornquist 指数。Färe and Grosskopf(1992)证明了在利润最大化行为的假设下，Malmquist 指数近似等于 Fisher 指数。

二、指数法的评析及其在农业技术进步领域的应用

指数法在计算技术进步率时的主要原理是运用产出指数与所有投入要素加权指数的比率,求得全要素生产率(Abramovitz,1956)。该方法的优势在于不需要设定生产函数形式,只需要两个时期的观测值,并利用经典的拉式或帕氏指数构造投入要素加权指数,因此在数据量有限时,指数法是非常合适的选择。然而,指数法首先需要利用经验人为地确定各投入要素的产出份额,然后构造指数来计算全要素生产率,这具有很强的主观随意性。指数法在本质上是一种自下而上的非参数方法,大部分 TFP 指数无法对全要素生产率进行合理的分解,也不能观测到实际的技术进步。基于此,近年的实证研究中,通常将不同的指数与其他测算方法相结合(如 DEA-Malmquist 法),以弥补指数法的测算缺陷,使其更具灵活性。

在农业技术进步的相关研究中,指数法的应用非常广泛。Jin et al.(2002)使用标准的 Divisia 指数测算中国农业全要素生产率,研究发现 1980 年至 1995年,新技术的应用是中国水稻、小麦、玉米全要素生产率快速增长的主要因素。Rosegrant and Evenson(1992)使用 Tornquist-Theil 指数测算了印度农业全要素生产率,识别了生产率增长的来源,并估算了农业公共投资的回报率。Kuosmanen and Sipilainen(2009)比较了 Fisher TFP 指数的三种不同分解方式,并将全要素生产率分解成技术进步、技术效率、规模效率、分配效率和价格效应五部分,最后使用 1992—2000 年芬兰 459 个登记农场的投入产出数据进行实证研究。

上述文献主要梳理了使用单个 TFP 指数计算农业全要素生产率的研究,还有很多研究侧重于使用多种 TFP 指数计算农业全要素生产率并比较测算结果。Bureau et al.(1995)使用 1973—1989 年 9 个欧共体国家和美国的农业数据,比较了 Fisher 指数、Hulten 指数和 Malmquist 指数的测量结果,研究发现上述指数的实证结果较为一致,但 Fisher 指数容易受到固定成本错误假设的影响,而Malmquist 指数容易受到异常值的影响。Fulginiti and Perrin(1998)分别使用(非参数的)基于产出的 Malmquist 指数和(参数设定的)Cobb-Douglas 生产函数考察了 18 个发展中国家 1961—1985 年农业生产率的变化,指数法的测算结果表明,由于负向的技术进步和技术效率测量水平的提高,处于生产前沿的国家

的农业生产率在下降,而生产函数法的测算结果表明大部分的产出增长归因于要素投入,如机械和肥料。Dumagan and Ball(2009)使用 Fisher 指数和 Tornquist 指数精确分解名义收入和成本的增长,并利用美国 1948—2001 年的农业投入产出数据进行实证研究,结果证实了这两个指数的大小非常接近,这意味着数学上越简单、计算上越容易的指数越实用。Tamini et al.(2012)使用 Malmquist 指数和 Fisher 指数对加拿大魁北克省内位于 Chaudière 流域 210 个农场的技术和环境效率进行实证评估和分析,研究发现不同的管理方式在其影响的方向和程度上存在显著差异。

参考文献

[1] Abramovitz M. Resource and output trends in the United States since 1870. American Economic Review,1956,46(2):5-23.

[2] Bureau J,Fare R,Grosskopf S,et al. A comparison of three nonparametric measures of productivity growth in European and United States agriculture. Journal of Agricultural Economics,1995,46(3):309-326.

[3] Caves D W,Christensen L R,Diewert W,et al. The economic theory of index numbers and the measurement of input,output and productivity. Econometrica,1982,50(6):1393-1414.

[4] Christensen L R,Jorgenson D W. U. S. real product and real factor input,1929—1967. Review of Income and Wealth,1970,16(1):19-50.

[5] Coelli T J,Rao D S P,Christopher J,et al. An introduction to efficiency and productivity analysis. Boston:Springer Publishers,2006.

[6] Diewert W. Exact and superlative index numbers. Journal of Econometrics,1976,4(2):115-145.

[7] Diewert W. Fisher ideal output,input,and productivity indexes revisited. Journal of Productivity Analysis,1992,3(3):211-248.

[8] Diewert W E,Nakamura A O. Index number concepts,measures and decompositions of productivity growth. Journal of Productivity Analysis,2003,19(2):127-159.

[9] Dumagan J C,Ball V E. Decomposing growth in revenues and costs into price,quantity and total factor productivity contributions. Applied Economics,2009,41(23):2943-2953.

［10］Färe R，Grosskopf S. Malmquist productivity indexes and Fisher ideal indexes. Economic Journal，1992，102(410)：158-160.

［11］Färe R，Grosskopf S，Zhang N Z. Productivity growth，technical progress，and efficiency change in industrialized countries. American Economic Review，1994，84(1)：66-83.

［12］Fulginiti L E，Perrin R K. Agricultural productivity in developing countries. Agricultural Economics，1998，19(1)：45-51.

［13］Hulten C R. Divisia index numbers. Econometrica，1973，41：1017-1025.

［14］Jin S，Huang J，Hu R，et al. The creation and spread of technology and total factor productivity in China's agriculture. American Journal of Agricultural Economics，2002，84(4)：916-930.

［15］Kuosmanen T，Sipilainen T. Exact decomposition of the Fisher ideal total factor productivity index. Journal of Productivity Analysis，2009，31(3)：137-150.

［16］Rosegrant M W，Evenson R E. Agricultural productivity and sources of growth in South Asia. American Journal of Agricultural Economics，1992，74(3)：757-761.

［17］Tamini L D，Larue B，West G E，et al. Technical and environmental efficiencies and best management practices in agriculture. Applied Economics，2012，44(13)：1659-1672.

［18］Theil H. The information approach to demand analysis. Econometrica，1965，33(1)：627-651.

第六章　数据包络分析

一、数据包络分析的基本原理

数据包络分析(Data Envelopment Analysis,DEA)是一种利用非参数法估计生产前沿面的技术进步率测算方法。数据包络分析中的研究对象称为决策单元(Decision Making Unit,DMU)。在生产经济学领域,可以将一个决策单元视为一个生产者或经济体。数据包络分析的基本原理在于,根据各个决策单元不同的投入产出组合,运用数学中线性规划的方法构造出一个代表最优投入产出的生产前沿面,然后比较各个生产者与生产前沿面之间的距离,测算出各个生产者的技术效率(technical efficiency)。

图 6-1 运用多个生产者的投入产出情况描述了数据包络分析的基本原理。和其他决策单元相比,点 A_1 到点 A_6 在既定投入下具有最高产出。因此使用线性规划的方法将具有先进技术的决策单元进行数据包络,然后构造出一个代表最优产出的生产前沿面。一方面,生产前沿面的移动反映了技术进步。另一方面,其他生产者与前沿面的投影距离,反映了技术效率的缺失程度。在数据包络分析中,技术效率的测算可以分为以产出为导向(投入既定)和以投入为导向(产出既定)两种情况。以图 6-1 中点 P_0 为例,若以产出为导向,则点 P_1 是点 P_0 投影在前沿面上的点,其技术效率为 TE$=P_3P_0/P_3P_1$;若以投入为导向,则点 P_2 是点 P_0 投影在前沿面上的点,其技术效率为 TE$=P_4P_2/P_4P_0$。可以看出,如果生产前沿符合规模报酬不变的假设,那么前沿面将变成直线,两种导向的技术效率结果相同,反之则存在差异。但在大多数情况下,导向的选择对结果的影响是很有限的(Coelli and Perelman,1999)。

数据包络分析本质上运用线性规划方法构建观测数据的非参数分段前沿面,然后利用该前沿面计算效率。虽然该方法本身只能测算效率,但与一些指数

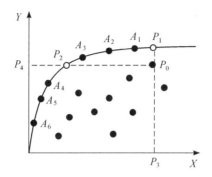

图 6-1　数据包络分析的基本原理

结合后不仅能够测算整体的全要素生产率,还可以将其分解,进而捕捉到生产者的技术进步和技术效率变动等信息。

二、数据包络分析的主要类型

(一)CRS-DEA 模型

Charnes et al.(1978)首先提出规模报酬不变的 CRS-DEA 模型,也称作 CCR-DEA 模型。考虑有 N 个生产者,每个生产者有 K 种投入与 M 种产出。第 i 个生产者的投入与产出分别用列向量 x_i 与 y_i 表示。$N \times K$ 投入矩阵 X 与 $N \times M$ 产出矩阵 Y 代表所有生产者的数据。以产出为导向的 CRS-DEA 模型对第 i 个生产者求解的线性规划(LP)问题如下:

$$\max_{\theta, \lambda} \theta,$$
$$\text{st.} \quad -\theta y_i + Y\lambda \geqslant 0,$$
$$x_i - X\lambda \geqslant 0,$$
$$\lambda \geqslant 0 \tag{6.1}$$

其中,θ 表示标量,而 λ 表示一个 $N \times 1$ 的权重向量。

可以看出,在投入不变的情况下,θ 计算出的数值大于或等于 1,即为第 i 个生产者能够实现的产出增加量的比例,而由 $\frac{1}{\theta}$ 定义的技术效率(TE)在 0 到 1 之间取值(Gong,2018)。将式(6.1)进行 N 次线性规划求解,每次可求得一个效率值 θ 和一个 λ 向量,从而定义第 i 个生产者所对应的边界。

（二）VRS-DEA 模型

Banker(1984)放松了规模报酬不变的假设，提出了规模报酬可变的 VRS-DEA 模型，也称作 BCC-DEA 模型。与 CRS-DEA 模型一样，同样考虑 N 个生产者，每个生产者有 K 种投入与 M 种产出。以产出为导向的 VRS-DEA 模型基本设定如下：

$$\max_{\theta,\lambda} \theta,$$
$$st. \quad -\theta y_i + Y\lambda \geqslant 0,$$
$$x_i - X\lambda \geqslant 0,$$
$$N1'\lambda = 1$$
$$\lambda \geqslant 0 \tag{6.2}$$

可以看出，VRS-DEA 模型在 CRS-DEA 模型的基础上，增加了一个凸性约束条件 $N1'\lambda = 1$，其中 $N1$ 表示元素为 1 的 $N \times 1$ 向量。在此基础上，VRS-DEA 模型可将 CRS-DEA 模型中获得的技术效率值分解为"纯"技术效率与规模效率两个部分，即 $TE_{CRS} = TE_{VRS} \times SE$。

（三）DEA-Malmquist 模型

基于非参数法的数据包络分析通常可以与指数法相结合，其中与使用距离函数定义的 Malmquist TFP 指数相结合的实证研究最为流行，也称为 DEA-Malmquist 模型。式(5.6)至(5.8)已经介绍了 Malmquist TFP 指数的基本形式及其分解，在此基础上使用 DEA 中的线性规划方法计算出 Malmquist TFP 指数所需的距离函数，从而求得全要素生产率及其分解成分。

DEA-Malmquist 模型可以根据当期（Contemporaneous-DEA-Malmquist）或序列（Sequential-DEA-Malmquist）的技术前沿构造。当期 Malmquist TFP 指数只比较当期和前期的技术前沿，Färe et al. (1994)利用线性规划的方法计算了当期 Malmquist TFP 指数所需的距离函数。对于第 i 个国家，需要计算四个距离函数来测量 t 和 $t+1$ 期间 TFP 的变化，具体构造如下四个线性规划：

$$\max_{\theta_{1i},\lambda_i} \left[d_0^t(x^t, y^t) \right]^{-1} = \theta_{1i},$$
$$st. \quad -\theta_{1i}y_i^t + \sum^{i=1} y_i^t \lambda_i \geqslant 0,$$
$$x_i^t - \sum^{i=1} x_i^t \lambda_i \geqslant 0,$$
$$\lambda_i \geqslant 0 \tag{6.3}$$

$$\max_{\theta_{2i},\lambda_i} \left[d_0^{t+1}(x^{t+1},y^{t+1}) \right]^{-1} = \theta_{2i},$$

$$\text{st.} \quad -\theta_{2i}y_i^{t+1} + \sum^{i=1} y_i^{t+1}\lambda_i \geqslant 0,$$

$$x_i^{t+1} - \sum^{i=1} x_i^{t+1}\lambda_i \geqslant 0,$$

$$\lambda_i \geqslant 0 \tag{6.4}$$

$$\max_{\theta_{3i},\lambda_i} \left[d_0^{t}(x^{t+1},y^{t+1}) \right]^{-1} = \theta_{3i},$$

$$\text{st.} \quad -\theta_{3i}y_i^{t+1} + \sum^{i=1} y_i^{t}\lambda_i \geqslant 0,$$

$$x_i^{t+1} - \sum^{i=1} x_i^{t}\lambda_i \geqslant 0,$$

$$\lambda_i \geqslant 0 \tag{6.5}$$

$$\max_{\theta_{4i},\lambda_i} \left[d_0^{t+1}(x^{t},y^{t}) \right]^{-1} = \theta_{4i},$$

$$\text{st.} \quad -\theta_{4i}y_i^{t} + \sum^{i=1} y_i^{t+1}\lambda_i \geqslant 0,$$

$$x_i^{t} - \sum^{i=1} x_i^{t+1}\lambda_i \geqslant 0,$$

$$\lambda_i \geqslant 0 \tag{6.6}$$

与遵循连续生产集且基本互不相关假设的当期 Malmquist TFP 指数不同，序列 Malmquist TFP 指数假设过去的生产技术也可用于当前的生产活动（Nin et al.，2003）。序列 Malmquist TFP 指数所需的距离函数是使用针对连续的技术前沿制定的线性规划方法计算的，其中包含了当期和所有前期的技术前沿。对于第 i 个国家，需要计算四个距离函数来测量 t 和 $t+1$ 期间 TFP 的变化，具体构造如下四个线性规划：

$$\max_{\theta_{1i},\lambda_i^{t'}} \left[d_0^{t}(x^{t},y^{t}) \right]^{-1} = \theta_{1i},$$

$$\text{st.} \quad -\theta_{1i}y_i^{t} + \sum_{t'=1}^{t}\sum^{i=1} y_i^{t'}\lambda_i^{t'} \geqslant 0,$$

$$x_i^{t} - \sum_{t'=1}^{t}\sum^{i=1} x_i^{t'}\lambda_i^{t'} \geqslant 0,$$

$$\lambda_i^{t'} \geqslant 0 \tag{6.7}$$

$$\max_{\theta_{2i},\lambda_i^{t'}} \left[d_0^{t+1}(x^{t+1},y^{t+1}) \right]^{-1} = \theta_{2i},$$

$$\text{st.} \quad -\theta_{2i}y_i^{t+1} + \sum_{t'=1}^{t+1}\sum^{i=1} y_i^{t'}\lambda_i^{t'} \geqslant 0,$$

$$x_i^{t+1} - \sum_{t'=1}^{t+1}\sum^{i=1} x_i^{t'}\lambda_i^{t'} \geqslant 0,$$

$$\lambda_i^{t'} \geqslant 0 \tag{6.8}$$

$$\max_{\theta_{3i},\lambda_i^{t'}} \left[d_0^t(x^{t+1},y^{t+1}) \right]^{-1} = \theta_{3i},$$

$$\text{st.} \quad -\theta_{3i}y_i^{t+1} + \sum_{t'=1}^{t}\sum_{i=1}^{i=1} y_i^{t'}\lambda_i^{t'} \geqslant 0,$$

$$x_i^{t+1} - \sum_{t'=1}^{t}\sum_{i=1}^{i=1} x_i^{t'}\lambda_i^{t'} \geqslant 0,$$

$$\lambda_i^{t'} \geqslant 0 \tag{6.9}$$

$$\max_{\theta_{4i},\lambda_i^{t'}} \left[d_0^{t+1}(x^t,y^t) \right]^{-1} = \theta_{4i},$$

$$\text{st.} \quad -\theta_{4i}y_i^{t} + \sum_{t'=1}^{t+1}\sum_{i=1}^{i=1} y_i^{t'}\lambda_i^{t'} \geqslant 0,$$

$$x_i^{t} - \sum_{t'=1}^{t+1}\sum_{i=1}^{i=1} x_i^{t'}\lambda_i^{t'} \geqslant 0,$$

$$\lambda_i^{t'} \geqslant 0 \tag{6.10}$$

综上所述，DEA-Malmquist 模型将 Malmquist 指数的距离函数引入线性规划方法中，该方法在不需要设定生产函数形式的同时还可以将 TFP 进一步分解，与单独使用指数法相比有了较大的改进。然而，DEA-Malmquist 模型也存在一定的缺陷，如只能从投入或产出一侧入手，无法同时考察投入和产出的变化等问题。基于此，一些学者开始探索将 DEA 法与其他指数结合起来，例如，Chambers et al.（1996）将 DEA 方法与可以同时考察投入和产出变化的 Luenberger 指数结合，形成 DEA-Luenberger 模型；Chang et al.（2012）使用了基于投入松弛的 ISP 生产率指数构造 DEA-ISP 模型，从而将全要素生产率增长分解为每一单个投入要素生产率的变化。

三、数据包络分析的评析及其在农业技术进步领域的应用

作为典型的非参数形式技术效率测算方法，DEA 的最大优势是无需提前设定投入与产出之间的生产函数关系，进而有效地避免了生产函数设定和估计过程中的分布假定等问题。DEA 法还可以将全要素生产率增长分解为技术进步和技术效率变化等不同来源，这相较于非参数的指数核算法有了较大的改进。但数据包络分析本质上是一种非参数的线性规划方法，只能提供数值，无法分辨由环境变化或随机冲击造成的非投入性技术无效，而且无法解决多个产出之间的非相关性问题。此外，数据包络分析的测算过程类似于"黑箱"，无法对

模型的适应性进行具体的统计检验,因此其实证结果的经济学含义有限。

在农业技术进步的相关研究中,DEA 的应用非常广泛,其中大多数研究都是将 DEA 与不同前沿的 Malmquist 指数结合,形成完整且成熟的 DEA-Malmquist 研究范式。Nin et al.(2003)使用序列的 DEA-Malmquist 模型重新估计了 20 个发展中国家 1961—1994 年的农业生产率,研究发现样本中大多数发展中国家正经历着生产率的正增长,而技术变化是这种增长的主要来源。Coelli and Rao(2005)使用当期的 DEA-Malmquist 模型研究 1980—2000 年全球 93 个主要国家的农业生产率,结果表明,这一时期全球农业生产率年均增速为 1.1%,其中农业技术进步速度为年均 0.6%,农业效率提升速度为 0.5%。Suhariyanto and Thirtle(2008)使用序列前沿的 DEA-Malmquist 模型测算了 18 个亚洲国家 1965—1996 年农业全要素生产率及其收敛性,结果表明由于技术效率的损失和技术进步的停滞,半数国家的农业生产率出现了负增长,而且这些国家的农业生产率没有趋同的证据。Alene(2010)分别使用当期和序列的 DEA-Malmquist 模型对非洲农业全要素生产率增长进行了测量和比较,研究发现生产率增长的主要来源是技术进步而非效率来源,农业 R&D、气候和贸易改革对非洲农业生产率有显著影响。

除了全球农业分析之外,许多学者也利用 DEA-Malmquist 模型测算某个国家或某个农产品的农业技术进步情况。Mao and Koo(1997)对 1984—1993 年中国农业生产中的全要素生产率、技术变化以及效率变化进行分析,结果表明技术进步主要归功于农村经济改革后中国农业生产力的增长。Shafiq and Rehman(2000)利用 DEA 法分析了巴基斯坦棉花生产中技术和配置效率低下的程度和来源。Chen et al.(2008)利用中国 29 个省(区、市)的面板数据分析了 1990 年至 2003 年中国农业部门生产率的增长情况,结果表明,技术进步的主要决定因素是农业税的削减、农业 R&D 和基础设施的公共投资以及农业机械化,而市场改革、教育和减灾与技术效率的提高有关。

参考文献

[1] Alene A D. Productivity growth and the effects of R&D in African agriculture. Agricultural Economics,2010,41(3-4):223-238.

[2] Banker R D. Estimating most productive scale size using data envelopment analysis. European Journal of Operations Research,1984,17:35-44.

[3] Chambers R, Färe R, Grosskopf S. Productivity growth in APEC country. Pacific Economic Review,1996,1(3):181-190.

[4] Chang T, Hu J, Chou R Y, et al. The sources of bank productivity growth in China during 2002—2009: a disaggregation view. Journal of Banking and Finance, 2012, 36(7): 1997-2006.

[5] Charnes A, Cooper W W, Rhodes E. Measuring the efficiency of decision making units. European Journal of Operational Research, 1978, 2: 429-444.

[6] Chen P, Mingmiin Y U, Chang C, et al. Total factor productivity growth in China's agricultural sector. China Economic Review, 2008, 19(4): 580-593.

[7] Coelli T, Perelman S. A comparison of parametric and non-parametric distance functions: with application to European railways. European Journal of Operational Research, 1999, 117(2): 326-339.

[8] Coelli T, Rao D S. Total factor productivity growth in agriculture: a Malmquist index analysis of 93 countries, 1980—2000. Agricultural Economics, 2005, 32(1): 115-134.

[9] Färe R, Grosskopf S, Zhang N Z. Productivity growth, technical progress, and efficiency change in industrialized countries. American Economic Review, 1994, 84(1): 66-83.

[10] Gong B. Different behaviors in natural gas production between national and private oil companies: economics-driven or environment-driven? Energy Policy, 2018, 114: 145-152.

[11] Mao W, Koo W W. Productivity growth, technological progress, and efficiency change in Chinese agriculture after rural economic reforms: a DEA approach. China Economic Review, 1997, 8(2): 157-174.

[12] Nin A, Arndt C, Preckel P V, et al. Is agricultural productivity in developing countries really shrinking? New evidence using a modified nonparametric approach. Journal of Development Economics, 2003, 71(2): 395-415.

[13] Shafiq M, Rehman T. The extent of resource use inefficiencies in cotton production in Pakistan's Punjab: an application of data envelopment analysis. Agricultural Economics, 2000, 22(3): 321-330.

[14] Suhariyanto K, Thirtle C. Asian agricultural productivity and convergence. Journal of Agricultural Economics, 2008, 52(3): 96-110.

第七章　随机前沿分析

一、随机前沿分析的基本原理

随着计量经济学的发展成熟,以随机前沿分析为代表的参数核算法逐步占据技术进步测算方法的主流地位。随机前沿分析(Stochastic Frontier Analysis,SFA)最早是由 Aigner 等人以及 Meeusen 和 Van den Broeck 在 1977 年分别独立提出(Aigner et al.,1977;Meeusen and Van den Broeck,1977)。随机前沿分析允许技术无效率(技术效率缺失)存在,并且将误差项分为生产者无法控制的随机误差(随机扰动项)和生产者可以控制的技术误差(技术无效/效率缺失项)。随机前沿生产函数的基本形式如下:

$$Y_{it} = f(X_{it}, \beta) \exp(v_{it} - u_{it}) \tag{7.1}$$

其中,Y_{it} 为生产者 i 在第 t 年的产出向量,X_{it} 为与之相对应的投入向量,$f(X_{it}, \beta)$ 代表确定性生产函数,t 为时间趋势变量,v_{it} 是随机扰动项,u_{it} 代表效率缺失项。

图 7-1 描述了随机前沿分析的基本原理。为了简便起见,假设生产者仅利用一种投入 X 生产得到产出 Y,横轴表示投入值,纵轴表示产出值。图中给出两个生产者 P 和 Q,其实际生产点为 P^* 和 Q^*,完全技术效率点为 P 和 Q。如果没有技术无效/效率缺失项,生产者只受到随机扰动项的影响时(即 $u_P = u_Q = 0$),两个生产者的生产点分别是 P' 和 Q'。可以看出,对于生产者 P 来说,从 P 到 P' 的变化反映了随机扰动项对产出的负向影响(即 $v_P \leqslant 0$);对于生产者 Q 来说,从 Q 到 Q' 的变化反映了随机扰动项对产出的提升(即 $v_Q \geqslant 0$),但这种提升并非技术效率或技术进步带来的。在随机扰动项和技术无效项的共同影响下,生产者的实际产出有可能位于生产前沿确定部分之上或者落在生产前沿以下。图中两个生产者由于随机误差项与技术无效项之和为负(即 $v_P - u_P \leqslant 0$;

$v_Q - u_Q \leqslant 0$),其实际产出 P^* 和 Q^* 均位于生产前沿确定部分之下。

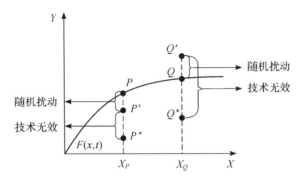

图 7-1　随机前沿分析的基本原理

在大多数实证研究中,一般假定生产技术在对数处理后的投入和产出中是线性的,因此将式(7.1)进行对数变换:

$$y_{it} = \alpha + \sum_{i=1}^{n} \beta_i x_{it} + v_{it} - u_{it} = \alpha + \sum_{i=1}^{n} \beta_i x_{it} + \epsilon_i \tag{7.2}$$

其中,$y_{it} = \ln Y_{it}$,$x_{it} = \ln X_{it}$,$i = 1, 2, \cdots, n$ 是对数变换后的变量,ϵ_i 是由随机扰动项和技术无效项组成的复合残差项。此时,使用 OLS 方法可以得到与确定性边界一致的斜率参数估计。如果对两个误差项设定一些参数分布,还可以利用最大似然(MLE)方法得到参数估计值。

一方面,v_{it} 是随机扰动项,可以理解为计量经济学中常见的传统误差项。由于随机误差的冲击可正可负,因此 v_{it} 的取值有正有负,一般假设其服从均值为 0 的正态分布,即 $v \sim N(0, \sigma_v^2)$。 另一方面,u_{it} 代表效率缺失项,目前的研究中主要有以下四种经典分布:①Aigner et al.(1977)假定 u 服从半正态分布(Half Normal Distribution),记为 $u_i = |U_i|$,$U_i \sim N(0, \sigma_u^2)$;②Meeusen and Van den Broeck(1977)假定 u 服从指数分布(Exponential Distribution),记为 $u_i \sim \exp(\sigma_u)$;③Stevenson(1980)假定 u 服从截断正态分布(Truncated Normal Distribution),记为 $u_i = |U_i|$,$U_i \sim N(\mu, \sigma_u^2)$,$\mu \neq 0$;④Greene(1980)假定 u 服从两个正参数 (λ, m) 的 Gamma 分布(Gamma Distribution),记为 $u_i \sim \Gamma(\lambda, m)$。

可以看出,随机前沿分析的关键是对技术无效/效率缺失项 u 的研究。最常用的产出导向的技术效率是可观测产出与相应随机前沿产出之比,基本公式如下:

$$TE_i = \frac{y_i}{\exp(x_i \beta + v_i)} = \frac{\exp(x_i \beta + v_i - u_i)}{\exp(x_i \beta + v_i)} = \exp(-u_i) \tag{7.3}$$

其中，$\exp(-u_i)$ 在 0 和 1 间取值，它测算了第 i 个生产者的产出与完全有效生产者使用相同投入量所能得到的产出之间的相对差异（Gong and Sickles，2020）。

二、面板随机前沿模型

在随机前沿分析中既可以使用横截面数据，也可以使用面板数据。但是由于面板数据拥有两期以上的样本量，这揭示了更多关于不同生产者的异质性信息，而且利用面板数据还能够分析技术效率随时间变化的特征，这更符合现实中的经济生产情况。因此，面板随机前沿模型在技术进步率的测算领域应用广泛。

（一）非时变效率随机前沿模型

非时变效率随机前沿模型（Time-invariant SFA）假设技术无效率项 u 不随时间 t 变化，该模型最早由 Pitt and Lee（1981）以及 Schmidt and Sickles（1984）分别提出，具体的函数设定如下：

$$y_{it} = \alpha + x'_{it}\beta + v_{it} - u_i \tag{7.4}$$

其中，随机误差项 v_{it} 随时间和个体的变化而变化，但技术无效率项不随时间变化，即 $u_{it} = u_i$。

虽然式（7.4）的函数设定相同，但不同学者对于 u_i 的解读有所差异。Schmidt and Sickles（1984）（简称 SS84 模型）将 u_i 视作一个固定参数（即 $N-1$ 个虚拟变量），构建固定效应模型（FE-SFA），该模型依然遵循随机误差项 v_{it} 服从正态分布并与 x'_{it} 无关的假设，但放松了 u_i 的分布与 v_{it} 和 x'_{it} 的非相关性假设。Pitt and Lee（1981）（简称 PL81 模型）将 u_i 视作一个随机变量，构建随机效应模型（RE-SFA），该模型对 u_i 提出了更强的分布假设，即 u_i 与 v_{it} 和 x'_{it} 的分布都不相关。

早期的面板数据随机前沿模型的局限性在于，在模型设定时没有考虑到无法观测的个体异质性问题，把不能观测到的个体固定效应全部归入了无效率项，造成了一定的估计偏误。Greene（2005a，2005b）提出了真实固定效应模型（TFE-SFA）和真实随机效应模型（TRE-SFA）。TFE-SFA 模型将固定效应中的常量部分标记为真实固定效应，并随着时间的推移将这些效应改变为技术无效项。具体设定如下：

$$y_{it} = \alpha_i + x'_{it}\beta + v_{it} - u_i \tag{7.5}$$

其中,α_i 表示不随时间变化且不可观测的个体效应。

(二)时变效率随机前沿模型

非时变效率随机前沿模型隐含了一种很强的假设,即随着时间的推移,估计的无效率项是一致的。然而,在现实世界中,一个经济体的技术效率不可能长时间保持不变,因此一些学者对随机前沿模型进行修改,以考虑无效率项的时变性(Gong,2018a)。时变效率随机前沿模型(Time-variant SFA)允许无效率项 u 随时间 t 变化,通常是将 u_{it} 设定为 u_i 与反映时间变化特征的函数的乘积,即 $u_{it} = g(t) \times u_i$。不同时变效率模型对于时间变化特征函数 $g(t)$ 的设定形式不同。

Kumbhakar(1990)(简称 Kumb90 模型)对无效率项的设定非常灵活:

$$u_{it} = (1 + \exp(bt + ct^2))^{-1} \times u_i \tag{7.6}$$

其中,$(1 + \exp(bt + ct^2))^{-1}$ 反映了时间变化特征,而系数 b 和 c 分别决定了效率水平的高低和效率变化的快慢。使用最大似然(MLE)方法可得到 Kumb90 模型的参数估计值,无效率项的估计是基于 $u_i \mid \epsilon_i$ 的条件分布得到的。

Cornwell et al. (1990)(简称 CSS90 模型)的基本思路是把无效率项 u_{it} 设定为时间 t 的二次函数:

$$u_{it} = \theta_{i1} + \theta_{i2}t + \theta_{i3}t^2 \tag{7.7}$$

其中,在时间 t 假设至少有一个生产单元在前沿面上,无效率项 u_{it} 的估计值为 $\max_i \alpha_{it} - \alpha_{it}$。

Battese and Coelli(1992)(简称 BC92 模型)在实证研究的应用最为广泛,该模型把无效率项 u_{it} 设定为:

$$u_{it} = \eta_{it} u_i = \exp[-\eta(t - T)] \times u_i \tag{7.8}$$

其中,T 表示第 i 个生产者的最大时间跨度;η 为延迟参数,衡量无效率项随时间的下降程度。$\eta < 0$,$\eta = 0$,$\eta > 0$ 分别代表技术效率改善程度的趋缓、不变与恶化趋快。BC92 模型也称作"时间衰减"(time decay)模型,可使用最大似然(MLE)方法得到参数估计值。

Lee and Schmidt(1993)(简称 LS93 模型)认为 u_{it} 应包括无效率项和一些未观测到的时变效应,并将其设为如下形式:

$$u_{it} = \alpha(t) \times u_i \tag{7.9}$$

其中,$\alpha(t)$ 是一组虚拟的时间变量。LS93 模型将 Kumb90 模型和 BC92 模型作为特例,并假设时变因素 t 没有特定的变化模式,即同一年度所有个体的效率都相同。LS93 模型需要估计的参数较少,但灵活性有所欠缺。

除了上述经典模型,Ahn et al.(2007,2013)在生产者数量和时间跨度一定的情况下扩展了 LS93 模型,使其受多个时变冲击的影响。该扩展模型嵌套了上文提及的所有模型,但相对于更一般的模型设定,其估计方法也更加复杂。

$$u_{it} = \sum_{j=1}^{p} \alpha_{tj} u_{ij} \tag{7.10}$$

(三)半参数/非参数随机前沿模型

在误差项和生产函数的设置方面,大多数正在研究和应用的随机前沿模型都是完全参数化的,但一些学者试图放松完全参数化的设定,提出一些半参数或非参数的随机前沿模型。误差项设置方面,Park and Simar(1994)以及 Park et al.(1998,2003,2007)放宽了误差项的分布假设,并使用半参数方法,其中个体效应 α_i 的系数是固定的并且 (α_i, X_i) 遵循某种联合分布。Kneip et al.(2012)考虑了具有时变性效率的半参数模型,并允许任意的时间变化。Kumbhakar et al.(2007)提出了一个依赖于局部似然方法进行估计的完全非参数化的随机前沿模型,由于该模型是非参数化的,因此具有很强的灵活性,避免了函数设定上的偏误,而且具有较强的稳健性。生产函数设置方面,Pya and Wood(2015)以及 Wu and Sickles(2018)均构建了带有形状约束的半参数方程(Semi-parametric Model with Shape Constraints)。例如,Wu and Sickles(2018)构建了具有单调性和凸性的半参数生产函数。Gong(2018b)利用具有单调性和凸性的半参数生产函数估计了中国农业生产函数和生产率,避免了过强的函数形式假设对结果的影响。

三、随机前沿分析的评析及其在农业技术进步领域的应用

对比确定性技术前沿的生产函数法,以及基于非参数设定的指数法和数据包络分析(DEA),随机前沿分析(SFA)有两点优势:一是随机前沿分析可以解释在没有技术进步和技术效率改善的情况下,生产者仍能提升产出的内在逻辑,这意味着随机前沿分析有利于实现对全要素生产率更为细致的分解;二是随机前沿分析允许技术无效率存在,并且将误差项分为生产者无法控制的随机误差和生产者可以控制的技术误差,从而得到更为真实的技术效率值(Gong,

2020a)。然而,与生产函数法类似,作为经典的基于参数设定的测算方法,随机前沿分析也需要对函数形式进行设定,如柯布-道格拉斯生产函数(Cobb-Douglas)或超越对数生产函数(Translog),因此随机前沿分析的问题在于具有较强的函数形式和分布形式的假设,从而降低技术进步率核算的科学性。近年来,半参数方法的引进部分克服了上述问题(Gong,2020b)。

在农业技术进步的相关研究中,SFA 的应用非常广泛。一些研究侧重于比较 SFA 与 DEA 等其他测算方法得出的实证结果的异同。Sharma et al. (1997)分别使用了 SFA、产出导向的 CRS-DEA 模型和 VRS-DEA 模型,检验了夏威夷养猪场的生产效率,并发现提高生产效率是夏威夷养猪业未来发展的重要决定因素。Headey et al. (2010)同时利用 SFA 和 DEA 两种方法对 1970—2001 年全球 88 个主要国家的农业生产率增长进行分析,通过比较两种方法的结果,发现基于 SFA 的农业 TFP 估计值明显比基于 DEA 的估计值更加稳健和准确,此外两种结果均表明生产率的提高主要是源自农业技术进步的贡献。Rezek et al.(2011)利用 1961—2007 年 39 个撒哈拉沙漠以南非洲国家的数据分析农业技术进步情况,结果表明,基于 SFA 的结果与采用广义最大熵法和贝叶斯效率法得出的结果较为一致,而基于 DEA 的结果则不太理想。

除了不同测算方法的比较分析,许多学者也利用 SFA 法分析单个国家或地区的农业技术进步情况。Kalirajan et al.(1996)在变系数前沿生产函数的框架内,将全要素生产率增长的来源分解为技术进步和技术效率变化,并使用 1970—1987 年中国 28 个省(区、市)的农业数据测算改革开放前后的农业全要素生产率。Brümmer et al.(2006)利用距离函数推导出一个多投入多产出模型,使用 SFA 法测算了 1986—2006 年浙江省农业 TFP,并将其分解为配置效率、规模效率、技术变化与技术效率变化,研究发现,农业政策改革是中国农业变革的重要源头,其帮助中国实现了粮食自给自足的目标。Gong(2018c)梳理了 1978 年以来中国农村的改革进程,利用变系数随机前沿模型并允许投入弹性随时间和产业结构变动,全面刻画了 1978—2015 年中国省级农业生产关系的变动情况,研究发现,劳动力弹性呈下降趋势,化肥和机械弹性呈上升趋势,土地弹性呈 U 形变化,而技术和投入在不同的改革时期交替引领着中国农业增长。Chen and Gong(2021)基于 1981—2015 年中国县级农业数据,利用随机前沿分析法测算了农业全要素生产率,并进一步分析了气候变化对农业生产的影响。

参考文献

［1］ Ahn S C，Lee Y，Schmidt P，et al. Stochastic frontier models with multiple time-varying individual effects. Journal of Productivity Analysis，2007，27(1)：1-12.

［2］ Ahn S C，Lee Y，Schmidt P，et al. Panel data models with multiple time-varying individual effects. Journal of Econometrics，2013，174(1)：1-14.

［3］ Aigner D，Lovell C A K，Schmidt P. Formulation and estimation of stochastic frontier production function models. Journal of Econometrics，1977，6(1)：21-37.

［4］ Battese G E，Coelli T J. Frontier production functions，technical efficiency and panel data：with application to paddy farmers in India. Journal of Productivity Analysis，1992，3：153-169.

［5］ Brümmer B，Glauben T，Lu W C，et al. Policy reform and productivity change in Chinese agriculture：a distance function approach. Journal of Development Economics，2006，81(1)：61-79.

［6］ Chen S，Gong B. Response and adaptation of agriculture to climate change：evidence from China. Journal of Development Economics，2021，148：102557.

［7］ Cornwell C，Schmidt P，Sickles R C. Production frontiers with cross-sectional and time-series variation in efficiency levels. Journal of Econometrics，1990，46(1-2)：185-200.

［8］ Gong B. The shale technical revolution-cheer or fear? Impact analysis on efficiency in the global oilfield market. Energy Policy，2018a，112：162-172.

［9］ Gong B. The impact of public expenditure and international trade on agricultural productivity in China. Emerging Markets Finance and Trade，2018b，54(15)：3438-3453.

［10］ Gong B. Agricultural reforms and production in China：changes in provincial production function and productivity in 1978-2015. Journal of Development Economics，2018c，132：18-31.

［11］ Gong B. Agricultural productivity convergence in China. China Economic Review，2020a，forthcoming.

［12］Gong B. Effects of ownership and business portfolio on production in the oil and gas industry. Energy Journal, 2020b, 41(1): 33-54.

［13］Gong B, Sickles R. Non-structural and structural models in productivity analysis: study of the British isles during the 2007-2009 financial crisis. Journal of Productivity Analysis, 2020, 53(2): 243-263.

［14］Greene W. Maximum likelihood estimation of econometric frontier functions. Journal of Econometrics, 1980, 13: 27-56.

［15］Greene W H. Fixed and random effects in stochastic frontier models. Journal of Productivity Analysis, 2005a, 23(1): 7-32.

［16］Greene W H. Reconsidering heterogeneity in panel data estimators of the stochastic frontier model. Journal of Econometrics, 2005b, 126(2): 269-303.

［17］Headey D, Alauddin M, Rao D S P. Explaining agricultural productivity growth: an international perspective. Agricultural Economics, 2010, 41(1): 1-14.

［18］Kalirajan K, Obwona M B, Zhao S, et al. A decomposition of total factor productivity growth: the case of Chinese agricultural growth before and after reforms. American Journal of Agricultural Economics, 1996, 78(2): 331-338.

［19］Kneip A, Sickles R C, Song W, et al. A new panel data treatment for heterogeneity in time trends. Econometric Theory, 2012, 28(3): 590-628.

［20］Kumbharkar S C. Production frontiers, panel data and time varying technical inefficiency. Journal of Economrtrics, 1990, 46(1-2): 201-211.

［21］Kumbhakar S C, Park B U, Simar L, et al. Nonparametric stochastic frontiers: a local maximum likelihood approach. Journal of Econometrics, 2007, 137(1): 1-27.

［22］Lee Y H, Schmidt P. A production frontier model with flexible temporal variation in technical efficiency. New York: Oxford University Press, 1993.

［23］Meeusen W, Broeck J V D. Efficiency estimation from Cobb-Douglas production functions with composed error. International Economic Review, 1977, 18: 435-444.

[24] Park B U, Simar L. Efficient semiparametric estimation in a stochastic frontier model. Journal of the American Statistical Association, 1994, 89 (427): 929-936.

[25] Park B U, Sickles R C, Simar L, et al. Stochastic panel frontiers: a semiparametric approach. Journal of Econometrics, 1998, 84 (2): 273-301.

[26] Park B U, Sickles R C, Simar L, et al. Semiparametric efficient estimation of AR(1) panel data models. Journal of Econometrics, 2003, 117(2): 279-309.

[27] Park B U, Sickles R C, Simar L, et al. Semiparametric efficient estimation of dynamic panel data models. Journal of Econometrics, 2007, 136(1): 281-301.

[28] Pitt M M, Lee L F. The measurement and sources of technical inefficiency in the Indonesian weaving industry. Journal of Development Economics, 1981, 9(1): 43-64.

[29] Pya N, Wood S N. Shape constrained additive models. Statistics and Computing, 2015, 25: 543-559.

[30] Rezek J P, Campbell R C, Rogers K E. Assessing total factor productivity growth in Sub-Saharan African agriculture. Journal of Agricultural Economics, 2011, 62(2): 357-374.

[31] Schmidt P, Sickles R C. Production frontiers and panel data. Journal of Business & Economic Statistics, 1984, 2(4): 367-374.

[32] Sharma K R, Leung P, Zaleski H M, et al. Productive efficiency of the swine industry in Hawaii: stochastic frontier vs. data envelopment analysis. Journal of Productivity Analysis, 1997, 8(4): 447-459.

[33] Stevenson R F. Likelihood functions for generalized stochastic frontier estimation. Journal of Econometrics, 1980, 13: 57-66.

[34] Wu X, Sickles R C. Semiparametric estimation under shape constraints. Econometrics and Statistics, 2018, 6: 74-89.

第三部分

新中国成立七十年农业技术进步实证研究

新中国成立后的前三十年，关于我国农业技术进步的研究，特别是定量研究较少。改革开放后，越来越多的国内外农业经济学者开始关注农业技术进步对中国农业增长的内在推动作用，以安希伋、沈达尊、朱希刚、顾焕章为代表的老一辈农业经济学者开始利用现代经济学方法对我国的农业技术进步率进行测算。此后，以林毅夫、黄季焜、樊胜根、文贯中等为代表的海归学者利用与国际接轨的先进方法对新中国成立以来的农业技术进步进行了实证研究。具体来说，新中国成立七十年来的农业技术进步研究可以分为三个主题：一是测算农业技术进步率，早期朱希刚、顾焕章等前辈学者主要利用索洛余值法对农业技术进步率进行测算，并建构了衡量农业技术进步水平的官方标准。随着实证方法的不断丰富，测算农业技术进步的方法主要分为索洛余值法、随机前沿分析和数据包络分析。本书的第八章主要介绍了改革开放前的农业技术进步。第九章则以方法为分类依据，对测算改革开放以来农业技术进步率的相关文献进行了梳理和评述。

　　第八章和第九章主要聚焦于新中国七十年来农业技术进步率的变化趋势。第十章则在此基础上，对影响这一时期农业技术进步率的主要因素进行了梳理。具体可以分为三个方面：科研投入与技术进步、制度改革与效率提升以及其他因素（主要包括人力资本、国际贸易和农业补贴等）。科研投入层面主要关注了杂交作物和转基因棉花的推广及其作用，制度改革层面主要梳理了要素市场扭曲与改善以及农业技术推广体系的改革。其他因素主要关注了人力资本水平的提升、农产品贸易开放程度的不断加深以及农业补贴对生产率的影响。

　　在测算农业技术进步率、探究农业技术进步原因的基础上，本书在第十一章进一步归纳了研究我国农业技术进步问题的四个重要专题：一是回顾朱希刚、顾焕章等前辈的思想和研究，总结中国农业技术进步研究的历史进程；二是以影响深远的家庭联产承包责任制为例，梳理了研究该政策对农业生产率影响的一系列研究；三是以农业技术进步领域重要的诱致性技术创新为例，归纳了以诱致性技术创新理论为基础的一系列中国农业研究；四是聚焦于农业生产率收敛这一农业技术进步领域的重要话题，从理论基础、实证模型和相关文献三个方面进行了梳理。

本部分内容的结构如图1所示。

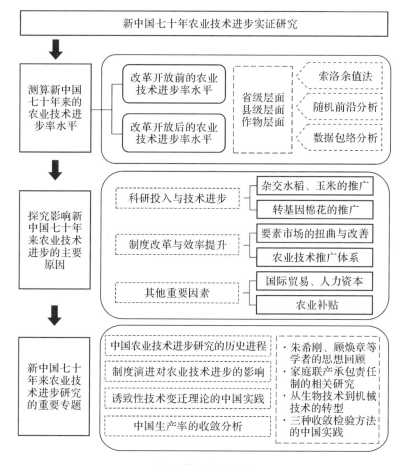

图1 第三部分结构

第八章 改革开放前的 农业技术进步实证研究

一、中国农业技术进步研究的发展历程

大部分农业增长与技术进步理论成型于 20 世纪 60 年代以后,加上我国"文革"期间因批判经济主义,不重视经济效益,新中国成立后的前三十年对农业技术进步及其贡献率的研究存在空白(顾焕章先生口述)。1981 年,我国从西方引入生产函数理念(朱希刚先生口述),此后有部分文献对新中国成立后的前三十年农业技术进步情况进行了回顾和分析。学界普遍认为,这一时期的农业技术进步总体是停滞的。

安希伋(1984)应用生产函数的理念,分析了 1952—1978 年我国六种主要粮食作物的投入产出数据,发现 1952 到 1978 年,农业全劳动生产率呈现总体恶化的态势,1957 年我国的粮食全劳动生产率仅仅为基年(1952 年)的 93%,1965 年更是下滑到基年的 63%,降低超过三分之一。尽管 1965 年到 1978 年,粮食全劳动生产率总体上升,但这一指标到 1978 年也仅恢复到 1952 年水平的 92%。从农业生产的全局来看,1952—1978 年,粮食总产值总体呈现正增长,但这主要得益于以粮食总费用衡量的投入要素数量的提升(以 1952 年为基期,到 1965年,粮食总产值达到 1952 年的 144%,粮食总费用达到 1952 年的 229%),这种"高产高成本"的状况与全劳动生产率的持续下滑形成鲜明对比,说明了改革开放前的农业虽然总体增长,但其属性是要素驱动型的。朱希刚(1984)率先利用生产函数法定量分析了 1972—1980 年我国 28 个省(区、市)的农业增长情况,测算出该时期我国农业技术进步率在 1.05% 至 1.58% 之间,同期农村人民公社农业总收入的平均增长率为 5.87%,经测算得到的农业技术进步对我国农村人民公社农业总收入的贡献率在 18% 至 27% 之间。黄少安等(2005)利用生产函数

法和反事实研究法测算了中国 1949—1978 年的农业生产效率(原文采用了"相同或可比较投入要素情况下各个时间段产出情况"这一说法,其实质就是全要素生产率),计算了 1949—1952 年、1953—1958 年,1959—1962 年,1963—1978 年的农业生产函数,得出的结论是,1949—1958 年,农业全要素生产率总体上升,而 1959—1962 年农业生产率开始下滑,从 1963 年开始,农业生产率急剧下滑。在后续的研究中,孙圣民(2009)用同样的方法考察了 1950—1962 年的农业生产,发现 1957—1958 年,农业生产率开始下降,而 1959—1962 年,农业生产率有所恢复。

我国农业技术进步问题同样引起了国际农经界的关注(龚斌磊等,2020)。Wen(1993)测算了我国 1952 年土地改革结束后的农业生产率情况,发现在人民公社建立之前(1952—1958 年),我国广义农业技术稳定在同一水平,但在人民公社初期(1958—1960 年)我国广义农业技术水平出现了接近 30% 的大幅降低,并在人民公社时期大部份的时间内(1958—1978 年)维持在 1952 年水平的 70% 左右,农业技术进步出现严重停滞,直到 1978 年之后才出现显著增长,并于 1983 年恢复到 1952 年水平。Fan(1991)使用 1980 年不变价下的农业总产值作为产出指标,以劳动、土地、化肥、粪肥、农机作为投入要素构建生产函数,发现 1960 年代和 1970 年代,农业技术效率大约是 70%。而 1965—1985 年,农业产出的年均增长率为 5.4%,其中,要素投入的增长率为 2.91%,全要素生产率的增长率为 2.13%,其中,1.34% 可以归结为制度创新(或效率提升),0.79% 可归结为技术进步。即便将处于改革年代的 1978—1985 年算在内,这段时间的农业增长总体上依然是要素驱动的。

Fan and Pardey(1997)发现,相比于 1978 年农村改革后的阶段,1965—1978 年我国农业增长缓慢,年均增长率仅为 3.3%,这一增长主要依赖要素投入的增加,他们使用 1965—1978 年的数据发现,这一时期化肥、农机、劳动力等投入要素对农业增长的贡献率分别达到 38.0%,24.7%,12.5%;劳动与土地生产率在这一时期的年均增长率为 1.6% 和 3.1%,远低于 1979—1984 年的 5.7% 和 8.1%。农业技术进步在农业产出增长中的贡献率较低。因此,通过对照 Fan and Pardey(1997)的文献,可以说明,如果刨除 Fan(1991)文中 1978—1985 年的数据,可能可以得出 1965—1978 年农业增长源泉更多依赖要素驱动的结论,从而佐证了学界对这一时期农业技术进步停滞的观点。

Kalirajan 等(1996)基于 SFA 法,计算了我国 1970—1978 年、1978—1984 年、1984—1987 年三个阶段的农业全要素生产率的增长。得出的结果显示,在 1970—1978 年,全国范围内的广义农业技术进步率约为 −5.6%,被研究的 28

个省(区、市)中,有 20 个省级行政单位的农业全要素生产率在 1970—1978 年出现负增长,其中,贵州、湖北、山西三省的农业全要素生产率降幅超过 20％。总体来看,这一时期农业发展出现停滞和倒退。作者将农业全要素生产率进一步分解为技术进步和技术效率提升后发现,在 1970—1978 年,我国农业技术效率下降幅度接近 10％,同样有 20 个省(区、市)的农业技术效率在 1970—1978 年呈现下滑态势,其中,贵州、湖北、山西三省的农业技术效率的降幅超过 20％。Lambert and Parker(1998)测算了我国 1970—1978 年农业产出、投入和生产率的变化后得出,1970—1978 年,农业产出年均增长率为 2.7％,而投入的年均增长率达到 4.1％,而广义农业技术进步率为 -1.4％,这一结果与 Kalirajan 等(1996)的研究结论相吻合。

此外,改革开放前中国农业生产率增速也低于亚洲各国的平均水平。Suhariyanto and Thirtle(2001)使用 Malmquist 指数法,以农业总产值为产出指标,以土地、劳动、畜力、农机、化肥使用量为投入指标,研究了 18 个亚洲国家 1965—1996 年的农业全要素生产率及其分解项的变动情况。研究发现,1965—1970 年,中国农业全要素生产率年均增速仅为 0.19％,其分解项狭义农业技术进步率(即技术进步)和技术效率增长仅为 0.31％和 -0.12％,农业全要素生产率增速和狭义技术进步率均低于东亚平均水平(0.76％,0.91％);在 1971—1980 年,我国农业全要素生产率的年均增速为 -0.9％。对其进行进一步分解后发现,这一时期我国农业的年均狭义技术进步率为 1.55％,技术效率的年均增长率为 -2.41％,三项指标均低于同一时期东亚国家平均水平(分别为 -0.2％,1.8％,-1.96％)。

二、该时期农业技术停滞的原因分析

一些学者对这一阶段农业技术进步缓慢的原因进行了分析。Suhariyanto and Thirtle(2001)认为,1980 年前,与大多数东亚和东南亚国家类似,我国农业全要素生产率的停滞或下滑的主要原因是技术效率的下滑同时伴随技术进步的停滞。Fan and Pardey(1997)认为,改革开放前中国狭义农业技术进步本身就是缓慢的。从研发层面看,他们认为,科研实力,特别是高端农业技术人员的缺乏,是这一时期农业技术进步的重要障碍。1953—1957 年,我国农业科研投入强度(科研投入占农业产值的比重)仅为 0.07％,远低于发展中国家的水平。之后的二十年,虽然我国科研投入强度平均水平超过发展中国家平均水平,但仍然存在两个问题：首先，与其他国家科研投入强度不断提高相比，我国科研投入强度在 1958—1976 年不断下降；其次，我国农业科研系统中只有 5%～6% 的科研人员拥有研究生学历，而其他亚洲欠发达国家这一比例为 60%～70%。

但是，科研人员的资质以及科研强度并不能完全反映这一时期的技术产出绩效。Wen(1993)指出，农业技术进步停滞并非导致 1958—1979 年我国农业供给不足的原因；相反的，我国在家庭联产承包责任制前已经积累了现代农业技术和现代投入要素。近年来，随着经济界和史学界逐渐拨开这一时期意识形态的"迷雾"，人们开始重视这一时期农业现代化领域所取得的实际进步。比如，在"一五计划"期间，一批机械工业企业，尤其是大中型农用拖拉机在农业领域的使用，以及众多大中小水利工程的开工建设，为农业灌溉能力和机械化水平的提升奠定了重要基础。20 世纪 50 年代末，国家向农村供应动力排灌机械，并推广双轮双铧犁等其他新式农具在农村的运用。60 年代，随着化学工业的发展，1965 年同 1957 年相比，中国的化肥生产能力增长近 11 倍，农药生产能力增长 3 倍多。在农业生物技术领域，矮秆水稻在这一时期推广种植，杂交良种技术在此期间起步发展。70 年代早期，在整顿经济的大背景下，中国于 1973 年提出从西方引进技术、设备的"四三方案"，其中就包括引进 13 套大化肥。安希伋(1992)指出，从 1964 年到 1978 年，中国每亩耕地化肥施用量提高了 9 倍，机电灌溉面积扩大了 3.05 倍，伴随着水、肥、种的结合运用，中国于 1964—1965 年进入"农业现代化初级阶段"，先进技术开始取代传统技术。

因此，人们或许并不能简单地从狭义的技术进步的视角解读农业技术的停滞，这一时期农业发展的停滞，可能是因为"现代农业技术没有机会去体现它的价值"(Wen，1993)。安希伋(1992)认为，经济体制、经济政策、农业技术、农业管理共同影响了农业生产与效益的变化。在其更早的研究中，他指出 1978 年产生农业全劳动生产率下滑、"高产高成本"等一系列现象的原因主要是"工作的失误"。在 1952 年到 1978 年间，大量机器和动力的投入，提升了农业劳动的技术水平，理论上可以达到节约劳动的目的，但事实上，劳动力的投入量不降反升，以粮食为例，这一时期每斤粮食投入的劳动量为原来的 2.05 倍。粮食成本上升（单位产出所需的投入要素增大）的背后，可能是劳动力和物资的浪费（安希伋，1984）。尽管作者没有直接指出"工作的失误"的具体含义，但作者强调，1978 年到 1981 年间，凡是实行家庭经营为主要形式的生产责任制的地方，都观察到不同程度的劳动投入下降和全劳动生产率提升，这从反面解释了改革开放前农业生产率持续低迷的制度原因。黄少安等(2005)也关注了制度对农业经济增长的影响，1949—1952 年，我国农村主要实行"耕者有其田"的制度，建立"互助组"；

1953—1958 年,是"农业社会主义改造"阶段,分散小农被逐渐取消,从"初级社"、"高级社"到"人民公社"的公有化农业生产经营组织的局面开始形成;1959—1962 年,我国调整了公社制度,提出"三级所有,队为基础"的方针,并将生产队规模缩小到 1956 年初级社的阶段,同时国家对被剥夺生产资料的农民实行了退赔补贴政策,而作者认为,"三级所有,队为基础"的局面真正存在和发挥作用的时间很短。他们认为,1949—1952 年、1953—1958 年、1959—1962 年和1963—1978 年四个时期农业生产率的不同体现了不同土地产权对农业增长的影响,其机制是,土地产权制度会影响劳动积极性和生产资料使用效率,从要素投入量和生产率两个方面影响最终的农业产出。

参考文献

[1] 安希伋. 论农业投资报酬运动规律与农产品成本变动趋势——兼论若干农业技术和经济政策问题. 农业技术经济,1984,5:11-18.

[2] 安希伋. 我国农业高产高效与优质问题. 农业技术经济,1992,3:1-4.

[3] 龚斌磊,张书睿,王硕,等. 新中国成立 70 年农业技术进步研究综述. 农业经济问题,2020,6:11-29.

[4] 黄少安,孙圣民,宫明波. 中国土地产权制度对农业经济增长的影响——对 1949—1978 年中国大陆农业生产效率的实证分析. 中国社会科学,2005,3:38-47.

[5] 孙圣民. 工农业关系与经济发展:计划经济时代的历史计量学再考察——兼与姚洋、郑东雅商榷. 经济研究,2009,8:135-147.

[6] 朱希刚. 我国农业技术进步作用测定方法的研究和实践. 农业技术经济,1984,6:37-40.

[7] Fan S, Pardey P G. Research, productivity, and output growth in Chinese agriculture. Journal of Development Economics,1997,53(1):115-137.

[8] Fan S. Effects of technological change and institutional reform on production growth in Chinese agriculture. American Journal of Agricultural Economics,1991,73(2):266-275.

[9] Kalirajan K P, Obwona M B, Zhao S. A decomposition of total factor productivity growth:the case of Chinese agricultural growth before and after reforms. American Journal of Agricultural Economics,1996,78(2):331-338.

[10] Lambert D K, Parker E. Productivity in Chinese provincial agriculture.

Journal of Agricultural Economics，1998，49(3)：378-392.

[11] Suhariyanto K，Thirtle C. Asian agricultural productivity and convergence. Journal of Agricultural Economics，2001，52(3)：96-110.

[12] Wen G J. Total factor productivity change in China's farming sector：1952—1989. Economic Development and Cultural Change，1993，42(1)：1-41.

第九章 改革开放以来的
农业技术进步率测算

以家庭联产承包责任制为代表的农村制度改革不仅带来了农业部门的迅速发展,而且是改革开放以来经济增长奇迹的重要推动力。一方面,随着研究范式和技术的进步,农业技术进步的相关测算成为国内农经学者的重要研究对象,以朱希刚、顾焕章为代表的国内前辈对"六五"到"九五"期间的农业技术进步贡献率进行了测算,这是了解这一时期农业发展情况的重要参考指标。另一方面,中国的农业农村改革和由此带来的迅速增长吸引了全世界学者的关注,以林毅夫、樊胜根、黄季焜等为代表的第一代海归学者和以科林·卡特(Colin Carter)和罗斯高(Scott Rozelle)为代表的海外学者对这一时期的中国农业技术进步高度关注,利用与国际接轨的前沿技术对这一时期的中国农业技术进步率进行了测算,并对不同阶段农业技术进步率变化的原因进行了剖析。本章将主要总结这一时期不同研究测算的农业技术技术进步率结果。

农业技术进步率可以分为广义技术进步率和狭义技术进步率,本书前面的章节已经对两者的定义、区分和联系进行了详细的阐述。从测算农业技术进步率的三种主流方法来看,传统生产函数主要以索洛增长模型为理论基础,所测算出的主要是广义农业技术进步率。SFA 和 DEA 两种方法相较于传统生产函数的优势在于可以对测算的广义农业技术进步率进行进一步的分解,从而有利于从技术进步和效率提高的角度更全面地认识农业技术进步率。本章将以广义农业技术进步率的测算方法为分类依据,总结改革开放以来不同方法下广义农业技术进步率的测算和分解结果。

一、基于传统生产函数法(CPA)的实证研究

以朱希刚和顾焕章为代表的国内学者主要使用 Cobb-Douglas 函数与索洛

余值相结合的方法测算农业技术进步率和贡献率。为了统一测算标准,农业部于 1997 年颁布《关于规范农业科技进步贡献率测算方法的通知》,将索洛余值法作为测算农业技术进步贡献率的官方标准,并在全国推广(龚斌磊等,2020)。从测算结果来看,朱希刚(1994,1997,2002)使用索洛余值法测算了我国 1972—1980 年、"六五"时期(1981—1985 年)、"七五"时期(1986—1990 年)、"八五"时期(1991—1995 年)和"九五"时期(1996—2000 年)这几个时期的农业技术进步贡献率,结果分别为 27%、35%、28%、34.3% 和 45%。顾焕章(1994)使用农业边界生产函数测算出我国"七五"期间农业技术进步的贡献率在 32% 至 33% 之间。Lin(1992)的研究是这一阶段中国农业增长的里程碑式论文,文章运用传统生产函数方法对改革开放后前两个阶段的农业增长进行了增长核算,我国种植业广义技术进步率从 1978—1984 年的 3.2%(六年累计增长 20.54%)下降到 1984—1987 年的 0.7%(三年累计下降 2.05%),然而,这两个阶段广义农业技术进步的贡献率保持在 49%,其中第一阶段的广义农业技术进步主要源于家庭联产承包责任制实施和政府收购价(统购牌价和超购加价)上升带来的激励。第二阶段的广义技术进步主要源于非粮作物种植比重的提高以及复种指数的上升。Li and Zhang(2013)利用 1985—2010 年的省级面板数据,运用索洛余值法进行了增长核算,研究结果表明,广义农业技术进步率的提高可以解释这段时间中国农业增长的 55.2%。研究将改革开放以后的中国农业发展分为不同的阶段:1985—1989 年的年均广义农业技术进步率增长率为 3.6%,尽管由家庭联产承包责任制带来的制度红利已经在第一阶段释放,但作者认为第二阶段乡镇企业的发展吸纳了部分农村剩余劳动力,劳动力资源配置的改善使得广义农业技术进步率增速仍然可观。第三阶段为 1990—1995 年,这一阶段中国加快了农业领域的市场化改革,使得广义农业技术进步率增速达到了 1985—2010 年的一个高峰值,在接下来的一个阶段(1996—2003 年),技术进步的减速和配置效率的下降使得广义农业技术进步率增速与前一个阶段相比下滑明显,年均增速仅1% 左右。2004 年以来,随着农业政策从税收索取走向补贴支持,广义农业技术进步率增速又有所提升,年均增速达到了 5.9%。

二、基于随机前沿分析(SFA)的实证研究

　　Wu(1995)利用随机前沿生产函数和 1985—1991 年的数据测算了省级广义农业技术进步率的变化情况。在随机前沿生产函数的使用中,作者假设技术进

步在每一年的增速是固定的,因此广义农业技术进步率的波动主要源于要素配置效率的变化。研究发现,全国层面的广义农业技术进步率在 1985—1991 年呈现出持续下降的趋势,一定程度上反映在经历家庭联产承包改革(HRS)带来的超额增长后,广义农业技术进步率增速在第二阶段陷入了疲态。Kalirajan 等(1996)利用随机前沿生产函数方法,对 1970—1987 年的广义农业技术进步率进行了测算,结果表明我国广义农业技术进步率从 1978—1984 年的 7.7% 下降到 1984—1987 年的 2.8%。作者进一步将广义农业技术进步率分解为技术进步和技术效率,结果表明在家庭联产承包责任制完成后,技术效率部分出现了明显下滑,其主要原因来自以下几个方面:乡镇企业的兴起使得青壮年劳动力从农业流出,转而从事非农劳动;政府农产品征购价格的降低以及对粮食市场的干预加强,地区比较优势无法得到发挥;集体化时代兴修的灌溉设施等公共设施因为缺乏系统性维护导致生产率水平降低。Carter and Estrin(2001)利用 1986—1995 年的省级数据,运用随机前沿分析测算了在这一时间段以家庭联产承包责任制为代表的制度改革和以价格政策为代表的市场化改革对技术效率和配置效率的影响。研究的出发点来源于学者们对家庭联产承包责任制完成后第二阶段(1985—1989 年)农业增长放缓持有不同意见。制度改革派的支持者认为由于家庭联产承包责任制带来的制度红利在第一阶段已经全部释放,因此第二阶段的农业增长放缓是可以接受的。市场派认为第二阶段粮食市场化进度滞后和政策反复是导致第二阶段农业增长放缓的主要原因。该研究提出了另一种解释,尽管家庭联产承包责任制解决了劳动监督问题,在第一阶段促进了农业产出增加和生产率提高,但与此同时土地细碎化的弊端在之后的阶段逐渐显现,无法实现农业生产领域的规模经济。同时,财政政策的改革使得地方政府无法通过农业生产增加税收,而更加倾向投资农村工业发展而不是农业生产,农业投资的下降导致在基础设施维护、技术推广上存在短板,进而抑制了技术效率的提高。市场化改革进程的滞后和以粮食自给政策为代表的行政干预导致了资源配置效率较低。

三、基于数据包络分析法(DEA)的实证研究

Mao and Koo(1997)利用 1984—1993 年 29 个省(区、市)的省级数据,运用 DEA 的方法测算了广义和狭义农业技术进步情况。结果表明,这一阶段 14 个技术较高省份(以东部沿海地区为主)的平均广义和狭义农业技术进步率是

3.7%和4.7%,而15个技术较低省份(以中西部地区为主)的平均广义和狭义农业技术进步率是2.1%和2.7%。Lambert and Parker(1998)利用DEA方法,基于省级面板数据测算了1979—1992年的广义农业技术进步率,并进一步分析了影响广义农业技术进步率的主要因素。研究的主要结果表明,1979—1984年、1985—1989年、1990—1992年以及1993—1995年这四个阶段的广义农业技术进步率分别为4.2%、1.4%、2.3%和5.8%。以家庭联产承包责任制变迁为主导的第一阶段和以市场化为导向的第四阶段体现了较好的广义技术进步率,但作者发现虽然全国层面的广义技术进步率较高,但不同的省份之间存在着明显的异质性。从影响广义技术进步率的主要因素来看,该研究认为以家庭联产承包责任制为代表的制度改革,粮食价格的提高均有助于广义技术进步率的提升,而省级的工业发展将会对广义农业技术进步率产生负面影响,其主要原因在于工业部门更高的收入水平会吸引农村的青壮年劳动力,进而导致农业劳动力人力资本水平下降。

Chen et al.(2008)利用1990—2003年的省级面板数据,利用Malmquist指数和相适应的DEA分解实证分析了中国广义农业技术进步率的变化,研究结果表明这一阶段的广义农业技术进步率在1.5%左右,技术进步是推动广义农业技术进步率提高的主要动力,而技术效率却持续乏力,甚至没有达到20世纪90年代初期的水平,这意味着制度改革和市场化进程相对滞后。从地区的角度来看,这一时间段地区之间的广义农业技术进步率呈现收敛的趋势,落后地区与发达地区的差距在不断缩小。李谷成(2009)运用DEA的方法对1988—2006年的广义农业技术进步率进行了测算和分解,研究结果表明这一时间段的年均广义技术进步率为3.49%,进一步的分解表明广义技术进步率的提高主要源于技术进步带来的前沿面提升,纯技术效率和规模效率却分别下降了1.04%和0.74%。Pratt et al.(2010)利用DEA的方法测算了中国1961—2006年的广义农业技术进步率,整个时间段广义农业技术进步率的年均增长率为2.11%,其中改革开放前的广义农业技术进步率较低,改革开放后广义农业技术进步率大幅度提高。20世纪80年代,广义农业技术进步率为5.6%;20世纪90年代,广义农业技术进步率为4.4%。该研究认为,农业技术进步和工业部门迅速发展带来的农业剩余劳动力转移是广义农业技术进步率提高的主要因素。

四、基于其他方法的实证研究

Wen(1993)利用 1952—1989 年全国层面的农业投入产出数据,运用指数法对这一长时间段的广义技术进步率进行了测算。研究发现,改革开放后的第一阶段(1978—1984 年)广义农业技术进步率迅速提升,第二阶段(1985—1989 年)的广义农业技术进步率增速有所回落。Brümmer et al.(2006)利用 1986—2000 年浙江省的农户层面数据,运用距离函数法(Distance Function Approach)对广义技术进步率进行了测算和分解。第一阶段(1985—1989 年)的年均广义技术进步率达到了 11%,该进步率主要源于技术进步,而技术效率的贡献较小。进入第二阶段后(1990—1993 年),年均广义技术进步率仍然保持在 4% 的高水准,其主要推动力源于这一阶段市场化改革的技术效率提高。然而在第三阶段(1994—1998 年),市场化政策的反复导致技术效率的增速下滑明显,由上一阶段的 8% 下降到 1.6%,导致这一阶段的技术进步由于技术效率的缺失而没有完全转换为生产率水平的提高。农业技术推广体系和基础设施维护的短板、土地产权稳定性不足带来的投资抑制以及青壮年劳动力的转移是阻碍广义技术进步率持续增长的主要障碍。

Carter et al.(2003)比较了利用全国层面数据、省级数据和农户层面数据测算的广义农业技术进步率。在 1978—1987 年期间,利用 Wen(1993)的方法和变量构造测算出的广义技术进步率为 8.1%,利用江苏省省级数据测算出的广义农业技术进步率为 7.3%,农户层面的测算结果为 3.8%。在 1988—1996 年期间,三套数据测算出的广义技术进步率分别为 5.6%、6.7% 和 1.9%。Wang et al.(2013)利用 1985—2007 年的省级面板数据,运用 Tornquist-Theil(TT)的非参方法测算了省级广义农业技术进步率指数,并进行了分时间段和分地区的比较。总的来看,1985—2007 年的年均农业增长率为 5.1%,增长核算的结果显示要素投入年均增加 2.4%,广义农业技术进步率年均增长 2.7%。从分地区的研究结果来看,以浙江、广东为代表的东部沿海地区农业增长的主要驱动力为广义农业技术进步率的提高,而以青海等为代表的西部内陆地区农业增长的主要驱动力仍然以要素投入为主。从分时间段的研究结果来看,作者将研究年份每五年为一组进行了测算,研究结果表明,1986—1990 年、1990—1995 年、1996—2000 年的广义农业技术进步率年均增速分别为 1.5%、3.7% 和 5.1%,而 2000—2005 年的广义农业技术进步率年均增速下滑到 3.2%,

2005—2007 年大部分省份(25 个研究省份中的 22 个)的广义农业技术进步率增速都为负数。

通常认为,农业生产函数是测算农业技术进步率的基础。随着部分发达国家要素市场的完善和要素价格信息的健全,部分学者开始在农业生产的间接成本函数基础上计算农业技术进步率。

Stevenson(1980)构建了这一方法的测算框架,这一测算框架需要满足两个假设:①市场完善且要素价格外生给定;②企业处于均衡状态。此时,企业的技术进步率可以定义为成本函数对时间的导数,即 $T_c = \frac{\partial \ln C}{\partial \ln T}|_{Q,P,C}$,其中 T_c 表示希克斯中性的技术进步率,C 表示生产成本,T 表示时间,Q 表示最终的产出,P 表示外生的要素价格。当利用这一方法测算农业技术进步率时,首先需要对农业生产的成本函数形式进行选择。与柯布-道格拉斯生产函数(Cobb-Douglas 生产函数)、常替代弹性生产函数(CES 生产函数)相比,超越对数形式中的时间 T 可与不同的投入要素进行交乘,且具有较强的灵活性,是利用间接成本函数测算农业技术进步率的首选。与传统方法相比,使用间接成本函数测算农业技术进步率的好处还在于能够对农业技术进步的要素偏向进行测度,具体定义为各个要素成本份额对时间 T 的导数。

Ray(1982)较早将这一方法运用于农业技术进步率的测算,他首先构建了超越对数成本函数,在此基础上对美国 1939—1977 年的农业技术进步率进行了测算,结果显示这一时间段美国的年均技术进步率为 1.8%。Glass and McKillop(1989)利用 1955—1985 年北爱尔兰的农业投入产出数据构建了超越对数形式的成本函数,并利用与 Ray(1982)相同的方法测算了农业技术进步率,结果表明这一时间段北爱尔兰的年均农业技术进步率为 1.7%。Lambert and Shonkwiler(1995)利用这一方法对美国 1948—1983 年的年均农业技术进步率进行了测算,结果比 Ray(1982)测算得到的农业技术进步率高出了一倍以上,达到了 4%,同时,农业生产的要素偏向主要呈现劳动节约型特征。

总的来看,利用这一方法测算农业技术进步率对数据要求较高,不仅需要投入产出数据,还需要各个投入要素的价格数据,因此比较适合要素价格形成机制较为完善的国家和地区。改革开放以来,我国在要素价格市场化上不断推进,但由于户籍制度的掣肘和土地制度的约束,在相当长的一段时间内我国的劳动力无法实现区域间或行业间的自由流动,土地无法实现农户间的自由流转,要素价格一定程度上被扭曲,使用这一方法受限较大。

除中国统计年鉴外,《全国农产品成本收益资料汇编》数据(下文简称"农本

数据")也成为学者测算农业生产率的重要数据来源(Wang et al.,2016;Gong et al,2021)。部分学者利用农本数据中的亩均投入产出和要素价格构建超越对数形式的成本函数,利用 $T_c = \frac{\partial \ln C}{\partial \ln T} \big|_{Q,P,C}$ 测算我国的农业技术进步率。陈书章等(2013)利用农本数据中的小麦部分,利用间接成本函数法和相应的核算公式测算得出 1990—2011 年中国小麦的技术进步率在 2% 左右。技术进步偏向的测算结果显示,技术进步是非中性的,主要呈现出劳动节约型和机械使用型特征。朱晶和晋乐(2017)在传统间接成本函数法的框架下,进一步将农业基础设施建设纳入其中,其全要素生产率主要包含三个部分,分别是技术进步、规模效应和公共基础设施的贡献,测算结果表明 2000—2014 年,我国水稻的年均全要素生产率增速为 3.3%,小麦和玉米的年均全要素生产率增速分别为 5.4% 和 6.4%。其中,基础设施建设对三大主粮的全要素生产率增速均起到正向作用,技术进步是水稻全要素生产率提高的主要驱动力,规模效应对玉米和小麦的全要素生产率提高更为明显。杨福霞等(2018)与陈书章等(2013)类似,利用农本数据中的小麦部分构建了超越对数形式的成本函数,与陈书章等(2013)不同的是,杨福霞等(2018)构建的超越对数成本函数包含了要素价格增强项。其测算结果表明,1984—2015 年,我国小麦的年均技术进步率为 0.91%,技术进步偏向的测度结果表明,劳动力价格上涨对技术进步的诱致作用不断增强。

五、总结与评述

从已有研究的测算结果来看,学者对于 20 世纪 80 年代的广义农业技术进步率测算结果意见较为一致(Gong,2020)。在第一阶段(1978—1984 年),伴随着家庭联产承包责任制在全国层面的推行与农产品征收政策和价格政策的改革,不同方法的测算结果都显示第一阶段广义农业技术进步率较高。在第二阶段(1984—1989 年),不同方法的测算结果均显示与第一阶段相比,第二阶段的广义技术进步率出现了明显下滑,但对这一下滑的原因却有多种不同的看法。第一种看法认为家庭联产承包责任制带来的制度红利在第一阶段已经释放完毕,因此第二阶段的广义农业技术进步率下滑是可以接受的。第二种看法认为政府在市场化改革中的摇摆和反复是导致这一阶段广义农业技术进步率下滑的主要原因。第三种看法认为这一时间段内乡镇企业的快速发展吸引了农村大量青壮年劳动力,农业生产中人力资本水平的降低带来了广义农业技术进步率的下滑。进入 20 世纪 90 年代后,不同研究所测算出的农业技术进步率结果出现了分歧(龚斌磊,2018),主要原因可能源于以下两个方面:一是不同的研究所采用的数据不同,Carter et al. (2003)的研究进一步证实了这一观点,文中使用不同层级数据所估算出的广义农业技术进步率结果有较大的差异,该研究认为造成测算结果有差异的主要原因是加总数据中以 GVAO 为因变量,但并没有对应的畜牧业投入,农户数据中更精确的投入产出指标使得其测算可信度更高。同时,由于在加总数据中地方政府可能存在高报倾向,如为了获得粮食生产奖励导致的虚报使得加总层面的广义农业技术进步率可能存在高估。二是不同的研究所采用的方法不同,而不论是传统生产函数、随机前沿分析还是数据包络分析,都存在一定的假设和局限性。

针对第一个问题,主要从两个角度进行改进,第一是从关注农业总体发展转向关注作物层面的农业技术进步率。例如,Rae et al. (2006)利用多个数据来源构建了畜牧业的投入产出数据,运用随机前沿方法和省级面板数据,测算了以生猪、牛肉、鸡蛋和牛奶为代表的畜牧业广义农业技术进步率,并将其进一步分解为技术进步和效率提升,其中技术进步是以上四种产品的发展驱动力。Jin et al. (2010)以《全国农产品成本收益资料汇编》为主要数据来源,对 1990—2004 年中国 21 种主要农产品进行了广义技术进步率测算,测算结果表明大宗农产品的年均广义技术进步率在 2% 左右,而园艺作物和畜牧产品的广义技术进步率更高,达到了 3%~5%。进一步的分解结果表明,这一时间段的广义农业技术进步率提高主要源于技术进步,效率提升则处于停滞状态,粮食作物的非均衡增长和农业技术推广体系效率的降低可能是这一时间段农业技术效率下降的主要原因。Wang et al. (2016)同样以《全国农产品成本收益资料汇编》为数据主体,对 1984—2012 年六种农产品进行分析,发现玉米、棉花、油菜籽三种作物的狭义技术进步年均增速均超过 2%;大豆、小麦和水稻的狭义技术进步相对较慢,年均增速分别为 1.3%、0.8% 和 0.6%。第二是利用不同的数据来源对投入产出进行了重新核算,Sheng et al. (2019)利用指数法估算了 1978—2016 年中国农业全要素生产率,与已有的大部分研究不同,该研究利用《全国农产品成本收益资料汇编》等资料对劳动力、资本等要素投入进行了调整,使其更加符合改革开放以来农业生产变迁特征,其估算结果显示 1978—2016 年整个时间段的年均广义技术进步率为 1.9%,解释了 40% 的农业产出增长。值得注意的是,1978—2008 年,农业部门的年均广义技术进步率为 2.4%,但 2009—2016 年,农业部门的广义技术进步率下降到了 0.9%,其中土地规模约束和政府价格政策的扭曲可能是导致 2009—2016 年农业部门广义技术进步率下降的主要原因。

针对第二个问题,改进方法主要是通过放松原有方法的假设使其更加符合改革开放以来中国农业发展的实际情况。如 Gong(2018)利用变系数的随机前沿模型,将改革开放以来农林牧渔结构的巨大变化考虑到广义技术进步率的估算中,研究结果发现在改革开放以来的不同时期,广义技术进步率的提高和要素投入的增加交替引领着农业增长。与被广泛认同的第一阶段相比(1978—1984年),第三阶段(1990—1993 年)由于政府大力推进了农产品价格体系的市场化改革,有效促进了广义农业技术进步率的提高。而第四阶段(1994—1998 年)伴随着改革红利的消失和地区粮食自给等政策的出台,这一阶段的广义农业技术进步率增长有所放缓,农业增长主要依靠要素投入的增加实现。第五阶段(1999—2003 年)广义农业技术进步率较上一阶段有所回升,主要原因在于这一阶段的国有粮食企业改革和 WTO 加入减少了要素市场扭曲。2004 年以来的最近一个阶段,农业增长主要由要素投入的增加主导,政府为推动农业增长出台的取消农业税和各类农业补贴政策并没有推动广义农业技术进步率在这一阶段的提高,农业发展仍未完全摆脱粗放型的增长方式,这印证了中央政府提出技术创新和农业供给侧改革的必要性。

参考文献

[1] 陈书章,宋春晓,宋宁. 中国小麦生产技术进步及要素需求与替代行为. 中国农村经济,2013,9:18-30.

[2] 龚斌磊. 投入要素与生产率对中国农业增长的贡献度研究. 农业技术经济,2018,6:4-18.

[3] 龚斌磊,张书睿,王硕,等. 新中国成立 70 年农业技术进步研究综述. 农业经济问题,2020,6:11-29.

[4] 顾焕章,王培志. 农业技术进步对农业经济增长贡献的定量研究. 农业技术经济,1994,5:11-15.

[5] 李谷成. 中国农业生产率增长的地区差距与收敛性分析. 产业经济研究,2009,2:41-48.

[6] 杨福霞,徐江川,青平. 中国小麦生产的技术进步诱因:投资驱动抑或价格诱导. 农业技术经济,2018,9:100-111.

[7] 朱晶,晋乐. 农业基础设施、粮食生产成本与国际竞争力——基于全要素生产率的实证检验. 农业技术经济,2017,10:14-24.

［8］朱希刚，刘延风. 我国农业科技进步贡献率测算方法的意见. 农业技术经济，1997，1：17-23.

［9］朱希刚. 农业技术进步及其"七五"期间内贡献份额的测算分析. 农业技术经济，1994，2：2-10.

［10］朱希刚. 我国"九五"时期农业科技进步贡献率的测算. 农业经济问题，2002，5：12-13.

［11］Brümmer B，Glauben T，Lu W. Policy reform and productivity change in Chinese agriculture：a distance function approach. Journal of Development Economics，2006，81(1)：61-79.

［12］Carter C A,Estrin A J. Market reforms versus structural reforms in rural china. Journal of Comparative Economics，2001，29(3)：527-541.

［13］Carter C A，Chen J，Chu B. Agricultural productivity growth in China：farm level versus aggregate measurement. China Economic Review，2003，14(1)：53-71.

［14］Chen P，Yu M，Chang C，Hsu S. Total factor productivity growth in China's agricultural sector. China Economic Review，2008，19（4）：580-593.

［15］Glass J C，McKillop D G. A multi-product multi-input cost function analysis of Northern Ireland Agriculture，1955-85. Journal of Agricultural Economics，1989，40(1)，57-70.

［16］Gong B. Agricultural reforms and production in China：changes in provincial production function and productivity in 1978-2015. Journal of Development Economics，2018，132：18-31.

［17］Gong B. Agricultural productivity convergence in China. China Economic Review，2020，60，101423.

［18］Gong B，Zhang S，Liu X，Chen K Z. The zoonotic diseases，agricultural production，and impact channels：evidence from China. Global Food Security，2021，28，100463

［19］Jin S，Ma H，Huang J，et al. Productivity，efficiency and technical change：measuring the performance of China's transforming agriculture. Journal of Productivity Analysis，2010，33(3)：191-207.

［20］Kalirajan K P，Obwona M B，Zhao S. A decomposition of total factor productivity growth：the case of Chinese agricultural growth before and after reforms. American Journal of Agricultural Economics，1996，78 (2)：331-338.

[21] Lambert D K，Shonkwiler J S. Factor bias under stochastic technical change. American Journal of Agricultural Economics，1995，77(3)，578-590.

[22] Li Z，Zhang H. Productivity growth in China's agriculture during 1985—2010. Journal of Integrative Agriculture，12(10)：1896-1904.

[23] Lin J Y. Rural reforms and agricultural growth in China. The American Economic Review，1992：34-51.

[24] Mao W，Koo W W. Productivity growth，technological progress，and efficiency change in Chinese agriculture after rural economic reforms：a DEA approach. China Economic Review，1997，8(2)：157-174.

[25] Nin-Pratt A，Yu B，Fan S. Comparisons of agricultural productivity growth in China and India. Journal of Productivity Analysis，2010，33 (3)：209-223.

[26] Rae A N，Ma H，Huang J，Rozelle S. Livestock in China：commodity-specific total factor productivity decomposition using new panel data. American Journal of Agricultural Economics，2006，88(3)：680-695.

[27] Ray S C. A translog cost function analysis of US agriculture，1939-77. American Journal of Agricultural Economics，1982，64(3)，490-498.

[28] Sheng Y，Tian X，Qiao W，Peng C. Measuring agricultural total factor productivity in China：pattern and drivers over the period of 1978—2016. Australian Journal of Agricultural and Resource Economics，2019，64 (1)：82-103.

[29] Stevenson R. Measuring technological bias. American Economic Review，1980，70(1)，162-173.

[30] Wang S L，Tuan F，Gale F，et al. China's regional agricultural productivity growth in 1985-2007：a multilateral comparison. Agricultural Economics，2013，44(2)：241-251.

[31] Wang X，Yamauchi F，Huang J. Rising wages，mechanization，and the substitution between capital and labor：evidence from small scale farm system in China. Agricultural Economics，2016，47(3)：309-317.

[32] Wen G J. Total factor productivity change in China's farming sector：

1952—1989. Economic Development and Cultural Change，1993，42(1)：1-41.

[33] Wu Y. Productivity growth，technological progress，and technical efficiency change in China：A three-sector analysis. Journal of Comparative Economics，1995，21(2)：207-229.

第十章 改革开放以来
农业技术进步的原因

第九章主要回顾了改革开放以来不同研究测算的农业技术进步率结果。尽管其中的部分研究对不同阶段农业技术进步的原因进行了归纳与概括,但主要是通过文字论述的方式,并没有将其上升为因果关系。本章将主要从科研投入和制度改革两个维度对改革开放以来农业技术进步的主要原因进行总结。

一、科研投入与技术进步

科研投入的增加是促进农业技术进步最为重要的推动力。一部分研究将科研投入作为整体,估算科研投入对农业技术进步率的影响程度。另一部分研究则以具体的某项农业技术为例,实证评估了该项技术对农业技术进步率的影响。本节将从这两方面对已有文献进行梳理。

(一)科研投入对农业技术进步率的整体影响

樊胜根教授是最早利用现代经济学范式实证估算科研投入对中国农业技术进步率影响的农经学者之一,他的一系列研究结果表明科研投入对中国农业增长起到了重要的支撑作用。例如,Fan(1991)利用1965—1985年的省级面板数据,运用随机前沿方法对广义农业技术进步率进行了测算和分解,研究结果强调了技术进步在这一时间段对广义农业技术进步率的作用。当忽略技术进步时,家庭联产承包责任制(HRS)等制度变迁带来的经济绩效可能会存在高估。Fan and Pardey(1997)利用1965—1993年的省级面板数据,对这一时间段的中国农业进行了增长核算,在制度改革和市场化进程的基础上,该研究将农业科研投资引入了核算框架,结果表明在整个时间段科研投资对农业增长的贡献率达到22.2%,即使是在制度绩效最为显著的1979—1984年,科研投资对农业增长的解释力仍然达到了 19.1％。Fan(2000)采用生产函数法测算中国农业研发投资的经济收益，将过去农业科研投资构建的知识存量变量作为生产函数中的解释变量直接纳入生产函数。在考虑农村基础设施、灌溉体系和教育水平等其他潜在遗漏变量后，研究结果表明中国农业科研投资回报率较高，1997 年为 36％～90％，且回报率呈上升趋势。

　　近年来的研究一方面将时间轴拉长，另一方面随着中国农业科研机构的不断改革和数据的不断丰富，在农业科研强度的基础上，农业科研投入的结构也成为重要的研究对象。关注 Pratt et al.(2017)的研究发现农业科研投入是促进广义技术进步率提高的关键因素，且中国农业科研投入的平均回报率在 9.6％～20.7％。Chai et al.(2019)对中国农业科研投入强度进行了核算。研究结果表明，科研投入强度(农业科研投入在农业 GDP 中的占比)在进入 21 世纪后持续上升，其中私营企业在农业科研投入中的重要性不断提高，但中国的农业科研投入强度与发达国家之间仍然存在一定的差距。从农业科研投入结构的角度来看，中国的农业科研投入主要集中在农业产业链的下游部门，而以美国为代表的发达国家在各个环节的农业科研比例较为均衡。

(二)技术进步的具体案例

　　家庭联产承包责任制(HRS)的推行一方面通过解决劳动监督问题有效促进了农业增长，另一方面也奠定了中国农业生产以个体小规模经营户为主导的格局。在人多地少的资源约束下，以提高土地生产率为目标的种子技术极大地推动了改革开放以来的种植业增长。黄季焜、罗思高(Scott Rozelle)、胡瑞法、金松青等学者以杂交水稻、转基因棉花种子等提高土地生产率的技术进步为核心，开展了一系列具有广泛影响力的研究。Huang and Rozelle(1996)以水稻作物为例，利用 1975—1990 年的省级面板数据，实证研究了以杂交水稻为代表的技术进步对水稻产量的影响。研究发现，在 1979—1984 年，技术进步可以解释产量提升的 40％，而以家庭联产承包责任制为代表的制度改革可以解释产量提升的 35％。在 1985—1990 年，水稻产量的增加几乎全部来源于技术进步。Widawsky et al.(1997)以江苏和浙江两省的调研数据为基础，实证比较了杀虫剂和抗虫害品种对水稻产出的影响。抗虫害品种是杀虫剂良好的替代品，一方面不会带来产出上的损失，另一方面有助于解决杀虫剂带来的环境负外部性问题。但实证结果表明，这些地区杀虫剂超量使用，而抗虫害品种的使用不足。Jin et al.(2002)利用 1980—1995 年的农本数据，首先测算了水稻、小麦和玉米三大主粮的广义技术进步率，其次运用面板回归和工具变量的方法实证检验了以优质种子为代表的技术进步对广义技术进步率的影响程度,研究结果表明在1980—1995 年,技术进步是三大主粮广义技术进步率提高的主要驱动力。Jin et al.(2008)以 1982—1995 年的小麦种植为例,利用工具变量的方法实证研究了小麦种子多样性对小麦广义技术进步率的影响,由不同代理变量表示的小麦种子多样性都论证了小麦种子多样性对广义技术进步率的促进作用。Huang et al.(2002,2004)以转基因棉花技术为例,利用微观数据验证了转基因棉花推广有助于提高单产,并降低农药和劳动力的投入量,这实质上是一种劳动节约型技术的运用。同时,利用 GTAP 模型,该研究对转基因棉花和水稻的推广带来的潜在经济福利进行了测算,结果显示在乐观的情境下,潜在的经济福利将超过50 亿美元。Xiang and Huang(2020)以小麦育种中的外来种质为例,评估了种子技术进步带来的小麦产量提高,结果表明与纯中国种质的小麦种植区相比,结合国外优秀种质共同培育的小麦种植区拥有更高的单产,具体而言,国外优质小麦种质的引入使得小麦的年均总产量提高超过 1000 万吨。

二、制度改革与效率提升

广义农业技术进步率主要可以分解为狭义技术进步和技术效率的变化。狭义农业技术进步主要由科研投入带来的新技术实现,而技术效率的提高则更多地依赖于制度改革。Brümmer et al.(2006)和 Gong(2018a)均对各改革阶段我国农业生产率的变化情况进行了分析,发现了明显的差异。具体而言,制度改革对农业技术效率表现在两个方面:一方面是农业技术研发与推广体系的改革,另一方面是要素市场制度扭曲的改善。

新技术的研发将直接决定生产前沿面提高的幅度,是影响农业技术进步率的基础。Hu et al.(2012)对农业科研投入中的公共投资和企业投资进行了比较,研究结果发现公共投资仍然是中国农业科研投入中的主体部分,2000 年以来企业投资在农业科研投入中扮演着越来越重要的角色,其中现代大规模农业企业的表现尤其突出。同时,该研究发现当政府选择投资基础科学领域时,将促进企业农业科研投入的增加。而当政府选择以应用型技术作为投资的主要方向时,会对企业农业科研投入产生挤出效应。因此,政府有必要改变农业科研投入结构,更多地投资于基础科学研究,促进农业科研投入效率的提高。Cai et al.(2017)对中国最大的公共农业科技研发项目——国家转基因技术研发计划的效率进行了系统梳理和实证研究,与大部分发达国家不同,中国的转基因技术研发以政府为导向而非企业为导向，调研结果表明该计划中的上、中、下游研究机构缺乏协同合作，且商业化程度不足，很大程度上源于缺乏促进协同合作的利益机制。

　　技术推广体系直接影响着农民对新技术的可得性，对技术效率将产生直接影响。胡瑞法教授团队对改革开放以来的中国农业技术推广体系进行了细致梳理和研究，结果表明 20 世纪 90 年代开始的农业技术推广商业化改革使得大量小农户难以得到公共技术服务，农技推广人员的有效工作时间也有所减少。基于 2005—2007 年六县调研数据的研究发现，2005 年的农技推广体系改革重新以服务小农为中心，有效促进了技术服务可得性的提高（Hu et al.，2009；Hu et al.，2012）。

　　制度扭曲将导致要素无法得到最优配置，从而影响广义农业技术进步率。朱喜等（2011）的《要素配置扭曲与农业在要素生产率》是研究制度扭曲对中国广义农业技术进步率影响的重要文献，该研究利用 2003—2007 年农村固定观察点的微观数据测算了农业要素扭曲程度及其对广义技术进步率的影响。在 Hsieh and Klenow（2009）研究中国制造业资源错配的基础上，根据中国农业发展进程中的土地流转约束和劳动力转移约束构建了理论模型，实证结果表明，在不考虑技术进步的条件下，如果可以消除已有的资本配置和劳动配置扭曲，农业的广义技术进步率有 20% 以上的增长空间。

三、其他因素对农业技术进步率的影响

　　除了科研投入和制度改革之外，学者们还研究了公共基础设施（Gong，2020）、土地规模（Sheng et al.，2019）、人力资本（Zheng and Rui，2011）、财政支出（Gong，2018b）等因素对农业技术进步率的影响。朱晶（2003）利用 1979—1997 年三大主粮的投入产出面板数据，实证研究了以农业灌溉和农业科研投资为代表的公共投资对农业产出的影响，研究结果表明公共支出是导致中国粮食产品竞争力下降的重要原因。中国在加入 WTO 后受到黄箱政策上限的约束，政府有必要通过增加以农业科研投入为代表的公共支出来促进农业的可持续增长。李谷成等（2009）利用湖北省 1999—2003 年的农户微观调查数据，实证检验了土地规模对广义农业技术进步率的影响，研究结果表明土地规模较小并不会对广义技术进步率带来负面影响。Zheng and Rui（2011）运用 1985—2004 年的省级面板数据研究了人力资本对省级农业全要素生产率的影响。研究结果表明,人力资本对广义农业技术进步率具有促进作用,但在不同区域其作用存在异质性。东部地区人力资本对广义农业技术进步率的促进作用主要源于农村人口中中学文凭比例的提高,中西部地区人力资本对广义农业技术进步率的推动作用更多来源于农村人口中小学文凭比例的提高。Yang et al.(2016)利用五省的固定观察点微观数据,通过随机前沿模型和误差修正模型的结合,在考虑内生性的基础上实证检验了外出务工对农民农业生产中技术效率的影响。研究结果表明,无论是本地非农就业还是异地非农就业都不会对农业技术效率产生负面影响。除了被广泛研究的种子技术以外,部分学者也从公共基础设施、农业技术研发和推广体系等角度对影响广义农业技术进步率的因素进行了剖析。高鸣和宋洪远(2018)利用 2009—2014 年河南省固定观察点的微观数据实证分析了脱钩收入补贴对不同收入水平下农户小麦生产率的影响。研究结果表明,脱钩收入补贴能促进小麦生产技术效率的提高,且由于脱钩收入补贴能有效缓解低收入农户的资金约束,对低收入农户的效用更大。Gong(2018c)以及龚斌磊和张书睿(2019)利用空间计量模型,实证检验了省际竞争对区域广义农业技术进步率的影响。研究结果表明,省际农业竞争存在负向的空间溢出效应,且这一消极影响普遍存在且呈现出逐步扩大的趋势。Zhang et al.(2020)以及 Gong et al.(2021)聚焦传染病疫情对农业生产的影响进行研究,发现传染病传播能力的强弱能显著影响农业技术进步率,且畜牧业受到的冲击大于种植业。

参考文献

[1] 高鸣,宋洪远. 粮食直接补贴对不同经营规模农户小麦生产率的影响——基于全国农村固定观察点农户数据. 中国农村经济,2016,8：56-69.

[2] 龚斌磊,张书睿. 省际竞争对中国农业的影响. 浙江大学学报(人文社会科学版). 2019,3：15-32.

[3] 李谷成,冯中朝,范丽霞. 小农户真的更加具有效率吗? 来自湖北省的经验证据. 经济学季刊,2009,1：95-124.

[4] 朱晶. 农业公共投资、竞争力与粮食安全. 经济研究,2003,1：13-20.

[5] 朱喜,史清华,盖庆恩. 要素配置扭曲与农业全要素生产率. 经济研究,2011,5：86-98.

[6] Brümmer B, Glauben T, Lu W. Policy reform and productivity change in Chinese agriculture: a distance function approach. Journal of Development Economics, 2006, 81(1)：61-79.

[7] Cai J. Hu R. Huang J. Wang X. Innovations in genetically modified

agricultural technologies in China's public sector. China Agricultural Economic Review，1997，9(2)：317-330.

[8] Chai Y，Pardey P G，Chan-Kang C，Dong W. Passing the food and agricultural R&D buck? The United States and China. Food Policy，2019，86(7)：101729.

[9] Fan S，Pardey P G. Research，productivity，and output growth in Chinese agriculture. Journal of Development Economics，1997，53(1)：115-137.

[10] Fan S. Effects of technological change and institutional reform on production growth in Chinese agriculture. American Journal of Agricultural Economics，1991，73(2)：266-275.

[11] Fan S. Research investment and the economic returns to Chinese agricultural research. Journal of Productivity Analysis，2000，14(2)：163-182.

[12] Gong B. Agricultural reforms and production in China：changes in provincial production function and productivity in 1978—2015. Journal of Development Economics，2018a，132：18-31.

[13] Gong B. The Impact of public expenditure and international trade on agricultural productivity in China. Emerging Markets Finance and Trade，2018b，54(15)：3438-3453.

[14] Gong B. Interstate competition in agriculture：Cheer or fear? evidence from the United States and China. Food Policy，2018c，81：37-47.

[15] Gong B. Agricultural productivity convergence in China. China Economic Review，2020，60：101423.

[16] Gong B，Zhang S，Liu X，Chen K Z. The zoonotic diseases，agricultural production，and impact channels：Evidence from China. Global Food Security，2021，28，100463.

[17] Hsieh C，Klenow P J. Misallocation and manufacturing TFP in China and India. Quarterly Journal of Economics，2009，124(4)：1403-1448.

[18] Hu R，Cai Y，Chen K Z，Huang J. Effects of inclusive public agricultural extension service：results from a policy reform experiment in western China. China Economic Review，2012，23(4)：962-974.

[19] Hu R，Yang Z，Kelly P，Huang J. Agricultural extension system reform and agent time allocation in China. China Economic Review，2009，20

（2）：303-315.

[20] Huang J, Rozelle S. Technological change：rediscovering the engine of productivity growth in China's rural economy. Journal of Development Economics，1996，49（2）：337-369.

[21] Huang J, Hu R, Rozelle S, Pray C. Genetically modified rice，yields，and pesticides：assessing farm-level productivity effects in China. Economic Development and Cultural Change，2008，56（2）：241-263.

[22] Huang J, Hu R, van Meijl H, van Tongeren F. Biotechnology boosts to crop productivity in China：trade and welfare implications. Journal of Development Economics，2004，75（1）：27-54.

[23] Jin S, Huang J, Hu R, et al. The creation and spread of technology and total factor productivity in China's agriculture. American Journal of Agricultural Economics，2002，84（4）：916-930.

[24] Jin S, Meng E C, Hu R, Huang J. Contribution of wheat diversity to total factor productivity in China. Journal of Agricultural and Resource Economics，2008，449-472.

[25] Pratt A N, Yu B, Fan S. The total factor productivity in China and India：new measures and approaches. China Agricultural Economic Review，2009，1（1）：9-22.

[26] Sheng Y, Ding J, Huang J. The relationship between farm size and productivity in agriculture：evidence from maize production in northern China. American Journal of Agricultural Economics. 2019，101（3）：790-806.

[27] Wei Z, Hao R. The role of human capital in China's total factor productivity growth：a cross-province analysis. Developing Economies，2011，49（1）：1-35.

[28] Widawsky D, Rozelle S, Jin S, Huang J. Pesticide productivity，host-plant resistance and productivity in China. Agricultural Economics，1998，19（1-2）：203-217.

[29] Xiang C, Huang J. The role of exotic wheat germplasms in wheat breeding and their impact on wheat yield and production in China. China Economic Review，2020，62：101239.

[30] Yang J, Wang H, Jin S, Peng C. Migration, local off-farm employment，

and agricultural production efficiency: evidence from China. Journal of Productivity Analysis, 2016, 45(3): 247-259.

[31] Zhang S, Wang S, Yuan L, Liu X, Gong B. The impact of epidemics on agricultural production and forecast of COVID-19. China Agricultural Economic Review, 2020, 12(3): 409-425.

第十一章　改革开放以来农业技术进步实证研究重要专题

一、中国农业技术进步研究的历史进程

20世纪80年代早期,国内对于农业技术进步的研究开始起步。1981年由展广伟主编的统一教材《农业技术经济学》是改革开放以来第一本以农业技术为主要对象的教科书(展广伟,1981)。随着改革开放后我国农业的飞速发展,农业技术进步的经济效应评价引起了学界的关注。作为率先将数量分析引入我国农业技术经济效果评价的学者之一,沈达尊(1982,1983)介绍了农业科技经济效益、农业科技成果年增收益额、农业科技投资收益率、劳动净产率、综合农业生产率等指标。1986年出版的《农业技术经济学》(修订版)增加了关于农业科技成果经济评价的章节(展广伟,1986a),主要内容参考了《农业科学技术研究和利用的经济评价》一书(牛若峰等,1985)。此外,袁飞(1981,1982)、牛若峰等(1982)、何桂庭(1984)、万泽璋等(1985)、展广伟(1986b)和朱甸余(1988)也强调构建农业技术经济效益测定方法和指标体系的重要性。这些学者的早期研究对其他学者利用这些指标分析我国农业技术进步情况做出了重要贡献。

在改革开放初期,国内前辈们对农业技术进步的方向和障碍进行了广泛的探讨。从农业技术进步方向的讨论来看,部分学者认为应该通过农业机械化实现中国农业的现代化之路,而另一部分学者认为对于人多地少的中国而言,发展以种子、肥料为代表的生物化学技术是促进中国农业增长的关键。朱甸余(1980,1988)则强调了农业机械技术和生物化学技术是相互联系、相辅相成的,并提出要素边际产出递减、技术要素置换的边际递减和有限要素分配与产品之间的边际置换递减是现代农业技术经济研究中应视为具有规律性的论点,其中部分思想内核与后来的广义农业技术进步率相一致。朱希刚(1994)指出20世

纪 80 年代初期推广的杂交水稻、杂交玉米、小麦良种等技术进步都是 60 年代后期至 70 年代后期研发成功的,而 80 年代具有先导性的创新性质的研究成果很缺乏,一方面体现在大量技术创新的地域局限性较强,另一方面表现为缺乏重大领域理论与实践的突破。黄佩民(1989)认为作物育种、种植结构和品种布局调整、栽培和饲养技术的提高、病虫害防治水平和抗灾能力的上升以及农业机械的推广是农业技术进步的五大主要方向。刘天福(1990)认为我国应该利用微电子技术、生物工程、信息技术、新材料技术和海洋开发等新技术,提高我国农业科技与生产率水平,发展外向型和精细化农业。

从农业技术进步的主要障碍角度分析,黄佩民(1989)和刘志澄(1991)均强调了农业科技成果转换的重要性,科技成果商品化与开拓技术市场是加速农业科技成果转化的重要途径,与美国等发达国家 60%~80% 的农业科技成果转换率相比,中国的农业科技成果转换率在 30% 左右,差距较大。顾焕章等(1995)指出,我国农业技术效率较高但是科技成果转化率很低,造成这一现象的主要原因是农业科技与经济脱节且农业科技的有效供给不足,无法较好地满足农业科技的有效需求,其中的主要原因是农业科研投入不足、结构不合理、科研机构的激励机制不健全以及农业技术推广体系的弱势。郑大豪(1999)认为制定农业技术价格和产业化政策有助于促进农业技术进步。

20 世纪 90 年代开始,国内学者对于农业技术进步的研究逐渐由定性分析向定量分析转换。朱希刚、顾焕章等前辈学者对中国农业技术进步的贡献率进行了测算。林毅夫、樊胜根、黄季焜等海归学者对中国的农业技术进步运用国际前沿方法进行研究,形成了一系列有影响力的研究成果。其中,林毅夫教授的《制度、技术与中国农业增长》以及《再论制度、技术与中国农业增长》对改革开放初期的农业技术进步与增长进行了细致全面的实证分析。21 世纪以来,国内学者对于农业技术进步的发展路径和内在驱动力有了更深入的探讨。曾福生和匡远配(2001)回答了制度与技术孰轻孰重的焦点问题,他们认为制度创新和技术进步都是促进经济增长的重要变量,应加强制度创新与技术进步的互动能力。郭剑雄(2004)认为农业技术的进步不仅表现为对土地、劳动力等传统要素的替代,还应包括传统要素的进步,以实现替代型技术与改进型技术的协同发展。在宏观层面,已有文献主要利用省级面板数据测算农业技术进步率,并进一步分析影响农业技术进步率的因素。特别是在内生动力方面,Gong(2018ab)分别从规模效应递增和空间相关性的视角分析了技术的溢出效应对农业生产的影响。在微观层面,相关研究主要利用微观调研数据对农户的技术采纳行为进行实证研究。总体而言,中国农业技术进步研究逐渐由定性走向定量,从研究相关关系向研究因果关系转换。在理论层面上,从 20 世纪 90 年代开始,速水佑次郎和弗农·拉坦提出的诱致性技术创新理论是中国农业技术进步实证研究的主要理论支撑(龚斌磊等,2020)。

二、制度演进对农业技术进步的影响:以家庭联产承包责任制为例

由于家庭联产承包责任制在中国农业经济发展和改革开放进程中扮演着里程碑式的作用,准确估计这一重要制度改革对经济绩效的影响具有重要意义。自 20 世纪 80 年代末开始,家庭联产承包责任制改革得到发展经济学家和农业经济学家的广泛关注,本节将按照时间阶段的划分对研究家庭联产承包责任制的已有文献进行梳理。

(一)第一阶段的实证研究:20 世纪 90 年代

在家庭联产承包责任制实施的同一时间段,我国也进行了以市场为导向的一系列改革措施,主要农作物政府收购价(统购牌价和超购加价)的逐步提升和农村集市市场的渐进式放开对农业生产同样产生了可观的激励效应(Sicular,1988),因此在识别家庭联产承包责任制对农业生产率的因果效应上,需要将同期进行的市场化改革措施剥离,否则将会造成估计结果的高估。在时间维度上可以将家庭联产承包责任制的经济绩效的核算研究分为两个阶段,第一个阶段主要集中在 20 世纪 90 年代,第二个阶段是 21 世纪以来。Lin(1992)的 Rural reforms and agricultural growth in Chin 是第一阶段的里程碑式研究,其将各省实施家庭联产承包责任制的生产队占比作为制度变迁的代理变量,在考虑价格改革等同时期制度变革的基础上进行研究,结果表明家庭联产承包责任制对 1979—1984 年期间农业增长的贡献率达到了 46.89%。后续关于家庭联产承包责任制的经济绩效的研究主要以 Lin(1992)的研究为基础,对可能存在的内生性问题进行处理。这一阶段,几乎所有实证研究的结果都表明,1979—1984 年家庭联产承包责任制的推行有效促进了农业生产率的增长,但由于使用的数据、选择的变量和应用的实证模型存在差异,所估计出的结果有较大的差异。表 11-1 是对 20 世纪 90 年代不同文献对家庭联产承包责任制经济绩效核算结果的总结。从实证的角度来说,这一阶段的研究主要采用传统生产函数进行核算,将以不变价计算的农林牧渔总产值作为被解释变量,部分研究将索洛余值视为家

庭联产承包责任制的经济绩效(McMillan et al,1989),这实际上将同时期的技术进步和价格改革均归为家庭联产承包责任制的效果,存在高估的可能。另一部分学者将各省家庭联产承包责任制的推进比例作为家庭联产承包责任制实施情况的代理变量(Carter and Zhong,1991;Lin,1992;Huang and Rozelle,1996),但由于在同一个生产函数方程中既放入了家庭联产承包责任制的代理变量,又放入了要素投入量,因此可能存在两个问题。首先,该模型测算的是在控制要素投入量的基础上,家庭联产承包责任制对农业总产值的影响。然而,家庭联产承包责任制对投入要素可能也存在激励,如使用更多的化肥。因此,家庭联产承包责任制通过改变投入要素量进而影响产出水平的途径被忽略了。其次,这种核算方式可能存在重要遗漏变量。Huang and Rozelle(1996)、Fan and Pardey(1997)以及 Zhang and Carter(1997)正是基于这一原因将同时期的技术进步和天气因素纳入核算框架。Huang and Rozelle(1996)以中国的水稻产业为例,将农村改革以来的农业技术进步纳入了分析框架。研究结果表明,1978—1984 年,水稻总产量增长的 40% 来源于以杂交水稻为代表的技术扩散,35% 来自家庭联产承包责任制的制度改革。Fan and Pardey(1997)将农业科研投入考虑到农业部门的增长核算中,实证结果表明,在第一个改革阶段(1979—1984年),以农业科研为代表的技术进步可以解释近 20% 的农业生产率增长,而同时期的制度变迁可以解释农业生产率增长的近 40%。然而,由于该研究主要关注的是农业科研和技术进步,并没有将第一时期的制度变迁进行区分,而是包含家庭联产承包责任制实施、价格政策改革、粮食征购政策变化等诸多改革的总效应。Zhang and Carter(1997)将天气因素纳入了分析框架,利用县级数据对1980—1990 年粮食产量增长的源泉进行了分解。研究结果表明,以家庭联产承包责任制为代表的农业改革可以解释 1980—1985 年 35% 的粮食产量增幅,且家庭联产承包责任制实施所获得的绩效是存在区域异质性的。然而,该研究直接比较 1980 年和 1985 年之间的粮食产量差异,并未完全涵盖转向家庭联产承包责任制的全过程。

表 11-1 20 世纪 90 年代实施家庭联产承包责任制的经济绩效核算结果

文献来源	被解释总量	数据年份	HRS 对农业增长的贡献率(%)
McMillan et al(1989)	农林牧渔总产值	1978—1984	51.8
Carter and Zhong(1991)	粮食总产量	1979—1986	19.5
Fan(1991)	农林牧渔总产值	1965—1985	56

文献来源	被解释总量	数据年份	HRS 对农业增长的贡献率（%）
Lin（1992）	种植业总产值	1970—1987	46.9
Huang and Rozelle（1996）	水稻总产量	1975—1990	36.5
McMillan et al（1989）	农林牧渔总产值	1978—1984	51.8
Fan and Pardey（1997）	农业全要素生产率	1965—1993	38.6
Zhang and Carter（1997）	粮食总产量	1980—1990	35

注释：Zhang and Carter（1997）首次使用县级数据，包括的具体年份是 1980 年、1985 年、1987—1990 年，并没有涵盖家庭联产承包责任制实施的全过程。其余研究主要以省级面板数据为主。Fan and Pardey（1997）所估计的结果是 1979—1984 年制度改革的总效应，不只是家庭联产承包责任制实施的经济绩效。HRS 在表格中指代的是家庭联产承包责任制。

（二）第二阶段的实证研究：21 世纪以来

21 世纪以来，关于家庭联产承包责任制的研究主要出现了三个方面的转换。第一个方面是从农业（或粮食）总产值向全要素生产率转换。Rozelle and Swinnen（2004）的综述表明，在评价制度改革对经济绩效的影响时，生产率是一个比总产量更好的指标：第一是由于改革前存在大量的市场扭曲，当改革使得价格更能体现要素或商品本身的稀缺性时，要素投入会增加，从而刺激产量增加；第二是对部分国家的实证研究表明，产出减少并不一定是坏事，特别是当粮食供给充分或生态压力较大时，降低投入要素使用量可能是首要目标。一方面土地、劳动力等投入要素的节约可以支持二三产业的发展，进而促进整体经济的转型、升级和发展；另一方面，农药、化肥等投入要素的减少对环境保护有积极作用。无论在哪种情境下，生产率提高则一直是农业生产的终极目标，因为其意味着对投入要素需求的减少，是"藏粮于地、藏粮于技"的保障，也是高质量发展的科学内涵。

第二个方面是开始重点考虑家庭联产承包责任制在推进过程中可能并不是完全随机的，需要解决制度变迁中的内生性问题，这一点在整个 20 世纪 90 年代家庭联产承包责任制的经济绩效估计中均被遗忘了。事实上，家庭联产承包责任制推进过程中的内生性主要源于选择偏误和测量误差。选择偏误主要源自两个方面：首先是政府在最初仅允许贫穷的边远山区尝试家庭联产承包责任制，尤其是那些"花钱靠贷款、吃粮靠返销、生活靠救济"的"三靠队"（杜润生，2005）。同时，Lin（1988）的研究表明，家庭联产承包责任制在一个地区的推进速度是这一制度变迁在该地区成本与收益的函数，通过制度变迁获利越大的地区越有动机推进家庭联产承包责任制。测量误差主要源于在 1982 年中央一号文件发出前,家庭联产承包责任制并没有得到法律上的认可,为了降低自身风险可能存在漏报的低估情况,而 1982 年中央一号文件发出后,家庭联产承包责任制一定程度上成了一种必须完成的政治任务,可能存在多报的高估情况。

第三个方面是更加全面客观地看待家庭联产承包责任制对农业发展带来的影响,包括一些可能的负向影响机制,例如公共灌溉设施投资。总的来看,农业生产从生产队体制向家庭联产承包责任制转变的制度效应主要来自劳动监督问题解决带来的努力边际报酬增加。在生产队体制下,一个劳动者在农业生产中努力的边际报酬只是整个生产的边际报酬的一小部分,家庭联产承包责任制度下重新赋予了农民剩余索取权,努力的边际报酬基本恢复到生产边际报酬的全部份额。因此,在家庭联产承包责任制背景下,努力边际报酬的增加将会激励农户努力供给的相应增加,即劳动力供给数量和质量的提高,从而促进农业生产率的提升。Lin(1988)构建了一个工分制下的生产队模型来论证这一观点。劳动监督问题的解决和由此带来的边际报酬增加激励是家庭联产承包责任制带来农业生产率提升的关键。然而,家庭联产承包责任制对农业生产率的影响不仅是劳动监督问题的解决,还存在一些潜在的负面影响因素。例如,由于存在一定的规模效应,集体制下的公共品供给更有优势,如农业技术推广体系的运行、灌溉设施的维护等(Lin,1995;Huang and Rozelle,1996)。因此,家庭联产承包责任制是否能带来农业生产率的提升并不是 20 世纪 90 年代文献中那样确定,而需要考虑劳动监督问题解决带来的激励提升与规模效应消失带来的负面影响之间孰轻孰重,是一个需要用更细致的数据进行因果关系检验的实证问题。

三、诱致性技术创新理论的中国实践

诱致性技术创新理论在中国农业发展中的运用主要可以分为两个阶段,第一阶段是 1978—2004 年,第二阶段是 2004 年至今。分类的原因主要在于改革开放后,农村存在大量的剩余劳动力,随着非农就业机会的不断增多和户籍制度的渐进式放开,2004 年前后被认为是农村剩余劳动力消失的转折点(蔡昉,2010)。在第一个阶段,由于大量的劳动力附着于土地,土地的边际生产价值更高,这一阶段的技术进步主要着眼于以杂交水稻为代表的农业种子技术的进步和发展。第二阶段,随着农村剩余劳动力的消失,农业劳动力的价格不断上涨,机械对劳动力的替代成为这一阶段农业发展的主要特征。

（一）以生物技术为主体的第一阶段研究

针对第一阶段的研究，Lin（1991）提出即使是在土地和劳动力市场交换受到严重限制的集体经济时代，土地和劳动的稀缺性会由要素的相对边际生产率决定，收入最大化的动机会诱致该地区的决策者寻求更能替代稀缺性要素的技术类型，并运用 1970 年、1975 年、1979—1986 年这段时期的省级数据进行了有效验证，将诱致性技术创新理论的适用范围从市场经济条件推广到了非市场经济条件。Huang et al.（1996）利用诱致性技术创新的思想，指出随着改革开放以来东南沿海地区乡镇工业的发展，劳动力价格有所提高，改变了区域单季稻和双季稻的种植比例。Lin（1995）以杂交水稻种子的技术扩散为例，利用省级农业科学院的面板数据，验证了市场需求诱致的技术创新假说。研究结果表明，尽管在集体制下的经济决策存在很强的政府干预，但对水稻研究的资源分配和杂交稻技术的扩散速度是与理论契合的。为验证中国农业公共资源分配的有效性，Lin（1991）以要素价格诱致性创新假说和市场需求诱致性创新假说为基础，利用家庭联产承包责任制推行前后的省级和中央农科院调研的面板数据，得出中国农业公共资源的分配符合两种假说的结论。Fan et al.（1997）指出诱致性技术进步是改革开放以来农业增长的重要原因，且这一阶段的技术进步以提高土地生产率的土地节约型技术为主体。这一阶段的研究利用家庭联产承包责任制实施以来一系列准自然实验的优势，对诱致性技术创新理论进行了检验和拓展，具有明显的问题导向意识。

（二）以机械替代为主体的第二阶段研究

针对第二阶段的研究，学术界主要关注在劳动力价格不断上升的背景下，机械动力对于劳动力的替代。Wang et al.（2016）利用 1984—2012 年六种主要农作物的省级数据，论证了农业劳动力成本相对机械成本的迅速上升，诱致了机械使用的迅速增加。曹博等（2017）基于诱致性技术创新理论构造农业技术发明可能性曲线，利用 1978—2014 年省级层面的土地生产率和劳动生产率比值变化，得出了中国农业的发展路径表现出明显的要素诱致性特征的结论。孔祥智等（2018）利用 1978—2017 年省级面板数据，以诱致性技术创新理论为基础，构建了改革开放以来中国农业技术变迁模式的分析框架，分别计算了改革开放以来主要农业投入要素的产出弹性和产值增量贡献率，认为我国农业技术变迁的路线符合诱致性技术创新理论。郑旭媛等（2016）利用 1993—2010 年省级面板数据，发现劳动力成本提高会加快机械替代劳动力的进程，但地形条件会对机械替代劳动力的过程产生显著影响。Zhang et al.（2020）和 Chen and Gong（2021）分别发现，传染病疫情和极端高温将降低劳动力的生产效率，从而加快机械替代劳动力的进程。

（三）诱致性技术创新理论应用于中国农业发展的评述

总体而言，诱致性技术创新理论对于改革开放以来的中国农业发展具有较强的解释力，从第一阶段以生物技术为主体提高土地生产率，到农村剩余劳动力逐渐消失的第二阶段，转变为以机械技术为主体提高劳动生产率。已有研究主要存在两个问题：第一，在实际论证的过程中，主要关注劳动力要素和机械要素相对价格的变化对机械使用量的影响以及对机械-劳动替代弹性的影响，并没有将要素替代和技术进步进行分离。尤其是考虑到在改革开放前的集体经济时代，生产队体制下的农业要素配置中，拖拉机等机械的比重远高于同期和中国要素禀赋相似的国家（Lin，1995），这证明我国在机械装备上是具有一定的技术储备的。Wen（1993）也指出，在改革开放前三十年，中国的农业技术并非没有进步，而是制度原因使得技术进步的作用无法实现，无论是修建的大量水库和灌溉措施、研发的拖拉机和杂交高产种子技术，还是引进的化肥工业，都对改革开放后的农业发展起到了关键作用。因此，改革开放前的技术储备也对改革开放后的农业迅速发展起到了重要作用。第二，在部分测量指标上可能存在一定的误差，现阶段对于诱致性技术创新理论的运用主要使用省级的宏观数据，对于机械使用量的指标主要通过农业机械总动力进行折算，但农业机械总动力包括了加工储藏环节的农业机械，并非完全是生产性机械。同时，随着跨区农机服务的不断兴起（Ji et al.，2012；方师乐等，2017），利用省级数据来核算机械使用量的误差可能进一步加大。

四、中国农业生产率收敛研究

Ruttan（2002）将农业生产率的研究分为三个阶段：第一个阶段是研究以劳动力、土地为代表的单要素生产率，随着农业技术在第二次世界大战结束后取得巨大进步，相关的计量模型也不断发展；第二个阶段，农业全要素生产率（即广义农业技术进步率）的测算得到了众多学者的关注；第三个阶段，由于在战后的农业发展中，不同地区之间农业技术进步水平出现了较大差异，如何缩小地区间的差距，加快落后地区的农业技术进步和发展水平得到了学者的广泛关注，农业生产率的收敛性成为这一时期研究关注的焦点。

(一)三种收敛检验方法的介绍

农业生产率收敛的理论基础主要源于以罗伯特·索洛和罗伯特·巴罗为代表的宏观经济学家关于整体经济收敛的一系列分析。Barro and Sala-i-Martin (1990)提出了 σ 收敛(σ-convergence)和 β 收敛(β-convergence)的概念。其中, σ 收敛以 Solow(1956)的研究为理论依据,在假设资本的边际报酬递减的前提下,人均资本量更低的地区将拥有更高的资本边际产出,从而实现对高人均资本量地区的追赶,具体表现为不同国家之间人均 GDP 的水平差距将随着时间的推移而减小。在实证模型中, σ 收敛通常表现为各地区人均 GDP 指标的标准差下降。 β 收敛则认为,初期人均 GDP 较低的地区将拥有更高的增长率,从而实现自身的后发优势。Barro and Sala-i-Martin(1991)进一步论证出,人均产出起始水平较低的经济体将拥有较高的增长率,而这种现象将发生在具有相似特征的地区,并基于此提出了条件 β 收敛(conditional β-convergence)的概念。在实证模型中, β 收敛通常以人均 GDP 等指标的增速作为因变量,以初始人均 GDP 水平作为自变量进行回归。而条件 β 收敛是在 β 收敛的基础上,将反映不同地区经济发展稳态的变量纳入其中。

(二)中国农业生产率收敛的实证研究

改革开放以来,中国经济持续高速增长,但在这一过程中地区差距问题被广为诟病。农业作为经济转型和发展的基础,地区间农业发展水平的相对差距对解决高速发展中存在的区域不平衡问题有重要意义,得到了国内外农经学者的广泛关注。地区间农业生产率收敛的研究不仅能够评估落后地区的农业是否正在接近发达地区,而且还能分析在哪些条件下落后地区可以享受农业发展的后发优势,是国家农业相关政策制定的重要参考。

在评估地区间农业发展的收敛情况时,广义农业技术进步率是一个较为常用的指标。一方面,与在整体经济研究中被广泛使用的人均 GDP 或人均收入相比,中国农户的收入来源较多,无法完全反映区域间农业发展水平的差异;另一方面,与劳动生产率或土地生产率等单要素生产率相比,广义农业技术进步率更能反映地区农业发展的总体状况。

从具体的实证研究来看,以广义农业技术进步率为主体的研究,其通常步骤是:首先基于省级面板数据,运用传统生产函数法、随即前沿分析或者数据包络分析测算出各地区的广义农业技术进步率;其次再利用多元回归方法,对三种不同的收敛形式进行实证检验。韩晓燕和翟印礼(2005)首先运用 DEA 的方法测算了 1991—2002 年的广义农业技术进步率,进一步的收敛检验结果显示,总体来看中国农业不存在 σ 收敛,但 1997 年后东部地区和中部地区存在 σ 收敛,β 收敛结果显示 1997 年后广义农业技术进步率增长的收敛速度低于 1992 年之前。条件收敛的结果表明,长期来看市场化程度是促进地区广义农业技术进步率收敛的关键,短期来看农民的人力资本水平和以灌溉措施为代表的公共投资所发挥的促进作用更为明显。

赵蕾和王怀民(2007)利用省级农产品成本收益的面板数据,首先测算了 1981—2003 年的省级广义农业技术进步率,在收敛性检验中,研究发现这一时间段中国并不存在 σ 收敛,但存在 β 收敛和条件 β 收敛,收敛速度分别为 3.2% 和 5.2%。李谷成(2009)首先利用 DEA 的方法测算了 1978—2005 年的省级广义农业技术进步率,并进行了 σ 收敛、β 收敛和条件 β 收敛检验。研究结果表明,这一时间段中国并不存在绝对 σ 收敛和 β 收敛,且在 1992 年市场化改革进一步深入后,存在持续的 σ 发散(σ -divergence)和 β 发散(β -divergence)情况,但条件 β 收敛是显著存在的。Wang et al.(2019)利用 1985—2013 年省级面板数据对广义农业技术进步率的三种收敛进行了实证检验。实证结果表明,这一时间段并不存在 σ 收敛和 β 收敛,但在控制人力资本水平、科研投入等变量后存在条件 β 收敛。

从已有的大量研究可以看出,不同的研究得出的广义农业技术进步率收敛结果并不相同。造成这一现象的原因主要来自以下两个方面:一方面是不同的研究测算广义技术进步率的方法和所使用的数据不同。另一方面是在实证检验三种收敛情况时,部分研究采用的是截面回归方法,以广义农业技术进步率的平均增速为因变量;另一部分研究则是采用面板回归的方法,以每年的广义农业技术进步率为因变量。此外,不同研究在条件收敛中所选择的控制变量也有所区别。

在上述传统框架中的基础上,一些学者进行了进一步拓展。石慧和吴方卫(2011)认为传统收敛检验中假设地区间相互独立,这与中国农业发展的现实情况并不相符,因此选择将空间计量模型引入收敛检验中,研究结果显示地区的农业工业化程度和城市化发展水平是影响区域间广义农业技术进步率收敛的关键。韩海彬和赵丽芬(2013)利用 1993—2010 年省级面板数据实证检验了环境约束下中国广义农业技术进步率的绝对收敛情况,研究结果显示在考虑环境污染的情况下,各地区的广义农业技术进步率均存在 σ 收敛和 β 收敛。Gong(2020)在已有研究的基础上,将广义农业技术进步率收敛从省级面板数据向县级层面和作物层面进行了拓展,研究结果表明在 28 个省(区、市)中只有 5 个省份实现了 σ 收敛,在 23 种作物种只有 4 种作物实现了 σ 收敛,条件 β 收敛的结果显示灌溉基础设施、人力资本水平、科研投入是促进落后地区生产率收敛的关键因素。总的来看,已有的广义农业技术进步率收敛分析框架较为成熟,进一步突破的方向一方面是将研究主体由宏观向微观转换,实证不同维度上的广义农业技术进步率的收敛情况;另一方面是更多地关注收敛的机制而不只停留于是否收敛这一结果,努力将收敛的机制分析提高到因果关系识别的水平。

参考文献

[1] 蔡昉.人口转变、人口红利与刘易斯转折点.经济研究,2010,45(4):4-13.

[2] 曹博,赵芝俊.技术进步类型选择和我国农业技术创新路径.农业技术经济,2017,9:82-89.

[3] 方师乐,卫龙宝,伍骏骞.农业机械化的空间溢出效应及其分布规律——农机跨区服务的视角.管理世界,2017,11:65-78.

[4] 龚斌磊,张书睿,王硕,等.新中国成立 70 年农业技术进步研究综述.农业经济问题,2020,6:11-29

[5] 顾焕章,张景顺.我国农业科技利用的现状分析及对策.农业技术经济,1995,6:10-13.

[6] 郭剑雄.农业技术进步类型的一个扩展及其意义.农业经济问题,2004(3):25-27.

[7] 韩海彬,赵丽芬.环境约束下中国农业全要素生产率增长及收敛分析.中国人口·资源与环境,2013,3:70-76.

[8] 韩晓燕,翟印礼.中国农业生产率的地区差异与收敛性研究.农业技术经济,2005,6:52-57.

[9] 何桂庭.农业技术经济效果的指标体系概述.农业技术经济,1984,6:46-48.

[10] 贺锡苹.报酬递减规律和农业生产.中国农业大学学报.1980,15(2):97-104.

[11] 黄佩民.农业科技成果要尽快转化为生产力.中国农村经济,1989,10:23-29.

[12] 孔祥智,张琛,张效榕.要素禀赋变化与农业资本有机构成提高——对 1978 年以来中国农业发展路径的解释.管理世界,2018,34(10):147-160.

[13] 李谷成. 中国农业生产率增长的地区差距与收敛性分析. 产业经济研究, 2009, 2:41-48.

[14] 林毅夫. 再论制度、技术与中国农业发展. 北京:北京大学出版社., 2000.

[15] 林毅夫. 制度、技术与中国农业发展. 上海:上海人民出版社, 2014.

[16] 刘天福. 农业技术经济要向外向型领域研究进行战略开拓. 数量经济技术经济研究, 1990, 11:56-60.

[17] 刘志澄. 农业科技成果要尽快转化为生产力. 农业经济问题, 1985(10): 7-11.

[18] 刘志澄. 实现科技兴农的关键是加快科技成果的推广. 农业经济问题, 1991, 4:7-8.

[19] 牛若峰, 何桂庭, 朱希刚, 等. 农业科学技术研究和利用的经济评价. 北京:农业出版社, 1985.

[20] 牛若峰, 何桂庭. 农业科学研究经济效果的测定方法初探. 中国农业科学, 1982. 15(3):89-94.

[21] 沈达尊. 略论农业技术经济效果的数量分析. 社会科学辑刊, 1982, 4:57-62.

[22] 沈达尊. 农业生产经济效益的评价——第三讲. 农业科学技术经济效益的评价. 湖北农业科学, 1983, 12:34-37.

[23] 石慧, 吴方卫. 中国农业生产率地区差异的影响因素研究——基于空间计量的分析. 世界经济文汇, 2011, 3:59-73.

[24] 万泽璋, 顾焕章, 张景顺. 农业技术经济基础. 沈阳:辽宁人民出版社, 1985.

[25] 袁飞. 论农业技术经济效益指标体系. 农业现代化研究, 1982, 3(2): 32-34.

[26] 袁飞. 试论农业技术经济效果. 浙江大学学报(农业与生命科学版), 1981, 1:85-95.

[27] 展广伟. 农业技术经济学. 北京:中国农业出版社, 1981.

[28] 展广伟. 农业技术经济学. 北京:中国人民大学出版社, 1986a.

[29] 展广伟. 试论农业技术经济效果的评价标准. 农业技术经济, 1986b, 4: 41-43.

[30] 曾福生, 匡远配. 论制度创新与农业技术进步. 农业技术经济, 2001, 6: 13-18.

[31] 曾先峰, 李国平. 我国各地区的农业生产率与收敛:1980—2005. 数量经

济技术经济研究，2008，5：81-92.

[32] 赵蕾，王怀明. 中国农业生产率的增长及收敛性分析. 农业技术经济，2007，2：93-98.

[33] 赵蕾，杨向阳，王怀明. 改革以来中国省际农业生产率的收敛性分析. 南开经济研究，2007，1：107-116.

[34] 郑大豪. 农业技术产业化及其成果与服务的价格问题. 农业技术经济，1999，3：1-4.

[35] 郑旭媛，徐志刚. 资源禀赋约束、要素替代与诱致性技术变迁——以中国粮食生产的机械化为例. 经济学(季刊)，2017，1：49-70.

[36] 朱甸余. 关于农业现代化几个经济问题的探讨. 新疆农业科学，1980，1：3-8.

[37] 朱甸余. 深入研究农业技术经济学科的几点浅见. 农业技术经济，1988，2：6-7.

[38] 朱希刚. 技术创新是我国农业技术进步的主攻方向. 农业经济问题，1991，4：9-10.

[39] Barro R J，Sala-I-Martin X. Convergence. Journal of Political Economy，1992，100(2)：223-251.

[40] Barro R J，Sala-I-Martin X，Blanchard O J，et al. Convergence across states and regions. Brookings Papers on Economic Activity，1991，107-182.

[41] Carter C A，Zhong F. China's past and future role in the grain trade. Economic Development and Cultural Change，1991，39(4)：791-814.

[42] Chen S. Gong B. Response and adaptation of agriculture to climate change：evidence from China. Journal of Development Economics，2021，148，102557.

[43] Fan S，Pardey P G. Research，productivity，and output growth in Chinese agriculture. Journal of Development Economics，1997，53(1)：115-137.

[44] Fan S. Effects of technological change and institutional reform on production growth in Chinese agriculture. American Journal of Agricultural Economics，1991，73(2)：266-275.

[45] Gong B. Agricultural reforms and production in China：changes in provincial production function and productivity in 1978—2015. Journal

of Development Economics，2018a，132：18-31.

[46] Gong B. Interstate competition in agriculture：cheer or fear? Evidence from the United States and China. Food Policy，2018b，81：37-47.

[47] Gong B. Agricultural productivity convergence in China. China Economic Review，2020，60：101423.

[48] Huang J，Rozelle S. Technological change：rediscovering the engine of productivity growth in China's rural economy. Journal of Development Economics，1996，49(2)：337-369.

[49] Huang J，Rozelle. Technological change：rediscovering the engine of productivity growth in China \＂s rural economy. Journal of Development Economics，1996，49(2)：337-369.

[50] Ji Y，Yu X，Zhong F. Machinery investment decision and off-farm employment in rural China. China Economic Review，2012，23(1)，71-80.

[51] Lin J Y. Endowments，technology，and factor markets：a natural experiment of induced institutional innovation from china's rural reform. American Journal of Agricultural Economics，1995，77(2)：231-242.

[52] Lin J Y. Prohibition of factor market exchanges and technological choice in Chinese agriculture. Journal of Development Studies，1991(4)，55-73.

[53] Lin J Y. Public research resource allocation in Chinese agriculture：a test of induced technological innovation hypotheses. Economic Development and Cultural Change，1991，40(1)，1991，55-73.

[54] Lin J Y. Rural reforms and agricultural growth in China. American Economic Review，1992：34-51.

[55] Lin J Y. The household responsibility system in China's agricultural reform：a theoretical and empirical study. Economic Development and Cultural Change，1988，36(3)：199-224.

[56] Mcmillan J，Whalley J，Zhu L. The impact of China's economic reforms on agricultural productivity growth. Journal of Political Economy，1989，97(4)：781-807.

[57] Rozelle S，Swinnen J F M. Success and failure of reform：insights from

the transition of agriculture. Journal of Economic Literature，2004，42 (2)：404-456.

[58] Sicular T. Agricultural planning and pricing in the post-Mao period. China Quarterly，1988，671-705.

[59] Wang S L，Huang J，Wang X，et al. Are China's regional agricultural productivities converging：how and why? Food Policy，2019，86(7)：17-27.

[60] Wang X，Yamauchi F，Huang J，et al. What constrains mechanization in Chinese agriculture? Role of farm size and fragmentation. China Economic Review，2018(3)：81-90.

[61] Wang X，Yamauchi F，Huang J. Rising wages，mechanization，and the substitution between capital and labor：evidence from small scale farm system in China. Agricultural Economics，2016，47(3)：309-317.

[62] Wen G J. Total factor productivity change in China's farming sector：1952—1989. Economic Development and Cultural Change，1993，42 (1)：1-41.

[63] Zhang B，Carter C A. Reforms，the weather，and productivity growth in China's grain sector. American Journal of Agricultural Economics，1997，79(4)：1266-1277.

[64] Zhang S，Wang S，Yuan L，Liu X，Gong B. The impact of epidemics on agricultural production and forecast of COVID-19. China Agricultural Economic Review，2020，12(3)：409-425.

第四部分

挑战、热点与结论

本书前三部分对中国农业技术进步和生产率研究的相关理论、方法和实证进行了详细的呈现,完成了"综述"中"综"的部分。接下来,本书第四部分将对现有研究不足和值得进一步发展之处进行评述。

首先,在测算农业技术进步率方面,笔者通过梳理发现已有文献在理论模型、实证方法和数据三方面都存在一些问题。理论方面,现有理论仍主要基于新古典增长理论框架,与前沿的内生增长理论脱节,而且无法通过理论模型厘清技术进步驱动机制。第一、二节就这一问题展开论述,并且通过笔者前期的研究尝试解决这些理论问题。实证方面,SFA 和 DEA 方法本身仍存在一定缺陷。同时,研究人员在两种方法的选择上也存在疑虑和问题。第三、四节,笔者不仅给出了选择测算方法的建议,还通过前期研究尝试改进了 SFA 方法的不足。数据方面,投入产出变量在界定、匹配以及测量误差方面存在问题。第五节详细展开论述农业技术进步和生产率测算中在变量选择和数据收集等方面需要注意的地方。

其次,完成了农业技术进步的测算之后,更进一步的研究问题是农业技术进步的影响因素及其作用机制。这就涉及如何将技术进步与其他领域相结合的问题。本书第十三章对这一领域的未来热点问题进行了展望。第一、二节对气候变化和气象灾害以及传染病疫情等重大公共卫生事件的影响进行了介绍。重大公共卫生事件可能是导致技术进步的外生冲击。第三节对技术进步的空间相关性进行了介绍,可以进一步研究区域间竞争的问题。第四节对数字经济这一发展经济学和农业经济学迅速兴起的分支的文献进行梳理,这在一定程度上是信息化对农业、农村、农民影响的一个大分支,是另一个与农业技术进步相结合的领域。

最后,第十四章对本书进行了全面且精简的总结,带领读者再次回顾本书的脉络和写作逻辑。同时,由于这章的简洁性,对于冗长的理论沿革和推导过程不感兴趣或不想深究的读者,可以通过阅读这一章的梗概掌握本书的大致框架和主要结论。

第十二章 现有研究存在的
问题与可能的改进方法

为了更加准确地测算农业技术进步及其贡献率,理论经济学家致力于构建更加合理的理论模型和分析工具,应用经济学家需要对农业数据进行更准确的收集、整理和核算,旨在保证数据质量。通过对农业技术进步和生产率相关研究的梳理,笔者提出以下几点现有研究中存在的问题及可能的改进方法。

一、与经济增长理论的脱节

现有的农业技术测算方法大部分都基于生产函数,而用于测算农业技术进步率的生产函数,则主要基于新古典经济增长理论框架构建。内生增长理论从理论上弥补了新古典增长理论的不足,但是与内生增长理论匹配的计量经济学模型仍未得到充分开发,这也使得国内农业经济学者的相关研究仍然只能沿用基于新古典经济增长理论的计量模型测算农业技术进步及其贡献率。正如任力(2014)指出的,内生增长理论在生产函数中加入知识或人力资本,但其函数结构仍然是以柯布-道格拉斯生产函数为基础的,并没有超越新古典增长理论,而仅仅是多马模型的回归。

假设某产业微观个体的生产函数为 $y_{it} = \alpha_{it} + \beta k_{it} + (1-\beta) l_{it}$,其中 k_{it} 和 l_{it} 分别是资本和劳动力投入量的对数,β 是资本的弹性。Barro(1999)指出,即使微观企业服从相同的、规模报酬不变的生产函数,宏观层面的生产函数由于溢出效应,也将呈现规模效益递增的现象。换言之,由于溢出效应和技术外部性的存在,劳动和资本弹性在宏观层面是可变的。在 Griliches(1979)和 Romer(1986)提出的 learning-by-investing 模型中,Barro(1999)的发现意味着总量生产函数中资本弹性可能大于 β。在 Arrow(1962)和 Lucas(1988)提出的 learning-by-doing 模型中,Barro(1999)的发现意味着总量生产函数中劳动弹性

可能大于 $1-\beta$。 这种弹性的变化主要是溢出效应导致的,并且可以打破规模效益不变的假设。同时各投入要素的产出弹性的变化程度,也随地区和时间变化。例如,交通基础设施健全、市场化程度高的地区,人力资本和产业技术间的溢出可能更大。然而,在现有农业生产函数框架内,如何度量这种溢出效应亟待研究。

除了内生增长理论,诱致性技术创新理论提到,不同地区由于资源禀赋的差异,其技术变迁和农业发展的路径不同,这会导致投入弹性随时间和地区发生变化。更具体的,一些发展经济学家(Hayami and Ruttan,1971;Binswanger et al.,1978)构建了诱致性技术创新模型,认为农业技术变革的方向是由资源禀赋和要素相对价格所决定的。总体而言,机械技术的发展是为了代替劳动力,而生物和化学技术的研发则是为了代替土地。这两组替代的发展速度取决于一个国家的资源禀赋。Ruttan(2002)阐述了日本和美国诱发技术变革的过程,上述两种趋势随着时间的推移在两个国家中均出现。然而,由于日本地少人多的资源禀赋,其用生物和化学技术替代相对昂贵的土地资源更快,而地广人稀的美国用机械替代相对昂贵的劳动力更快。因此,资源禀赋和相对投入价格的差异诱致了不同的创新方向,从而改变了生产函数的形状,即各投入要素产出弹性出现不同的变化。此外,大量实证论文在利用面板数据测算农业生产率后,也会分时期和区域做异质性检验,其结果往往也印证了固定投入弹性假设的不合理性。

由此可见,现有固定系数生产函数模型与最新经济增长理论以及农业生产实践均有所脱节。结合农业生产实际,开发出与内生增长和诱致性技术创新等理论匹配的农业技术进步与生产率测算方法至关重要。部分学者利用超越对数形式的生产函数,得到了可变的投入产出弹性。然而,超越对数生产函数的投入产出弹性虽然不是常数,但仍需服从一定的前提假设(弹性是关于投入要素的柯布-道格拉斯函数),因此无法充分考虑改革进程、结构变化等因素的影响。此外,还有一些学者利用成本份额法,将各投入要素占总成本的比重作为该投入要素的产出弹性。但是这种方法假设所有投入要素产出弹性之和为1,即服从规模效益不变的前提假设。而这种假设已经被 Barro(1999)证实在宏观层面不一定成立。同时,成本份额法也无法识别各种因素对产出弹性的影响。

Gong(2018a)指出,自 1978 年实施农业农村改革以来,中国农业出现了显著增长。与 1949—1977 年 2.5% 的年均增长率相比,1978—2015 年期间中国农业总产值(GVAO)的年均实际增长率为 6.1%,增长率明显提高。在农业供给侧,一系列的市场化改革放松了管制,这不仅极大地提高了农业生产率,还重塑了农业生产过程和生产函数。在农业需求侧,中国的经济改革提升了人民的生活水平和食物消费水平,对动物蛋白需求的迅速增加提高了农业四部门中畜牧业和渔业的比重。由于农林牧渔各自的生产函数不同,结构比例的差异和变化也在一定程度上改变了农业整体生产函数和生产关系。在此基础上,这项研究创新性地构建了变系数生产函数,允许产出弹性随时间和产业结构的变化而变化,从而更好地控制和描绘农业演化过程中不断变化的投入产出关系。基于1978—2015年我国省级农业面板数据,该研究发现农业生产函数随时间和省份的变化趋势明显。图 12-1 描述了 1978—2015 年我国各投入要素平均产出弹性随时间的变化趋势。随着时间的推移,劳动力弹性呈下降趋势,化肥和农机弹性增加,而土地弹性呈 U 形变化趋势。总体而言,我国农业生产中呈现出农机替代劳动力和化肥替代土地的趋势,这为诱致性技术创新理论找到了新的证据。图 12-2 汇报了各省(区、市)①各投入要素平均产出弹性的差异情况。西部地区不同省份农业生产函数较为一致,中部省份不同农业生产函数存在一定差异,而东部省份农业生产函数差异明显。

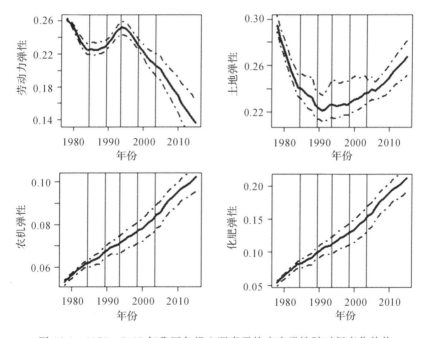

图 12-1　1978—2015 年我国各投入要素平均产出弹性随时间变化趋势

同样利用变系数生产函数,Gong(2020a)测算了 1960—2014 年全球 107 个国家农业生产函数的变化情况。在这项研究中,除时间和产业结构以外,还引入

———————

① 因数据可得性问题,不包括香港、澳门、台湾,下同。

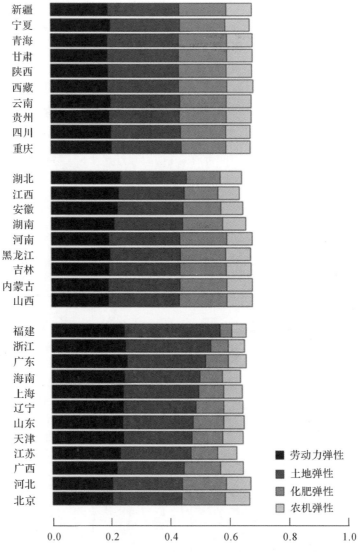

图 12-2　各省（区、市）各投入要素平均产出弹性的差异情况

了科研投入和国际贸易作为影响产出弹性的因素。图 12-3 描述了 1960—2014 年全球农业各投入要素平均产出弹性随时间变化趋势。在世界范围内，劳动力逐步被资本替代，土地逐步被化肥替代，这也为诱致性技术创新理论提供了新的证据。图 12-4 描述了 1960—2014 年全球农业各投入要素平均产出弹性之和（即规模效应）随时间变化趋势。结果显示，规模报酬率随时间呈上升趋势，这与内生增长理论中溢出效应的观点相符（Barro，1999）

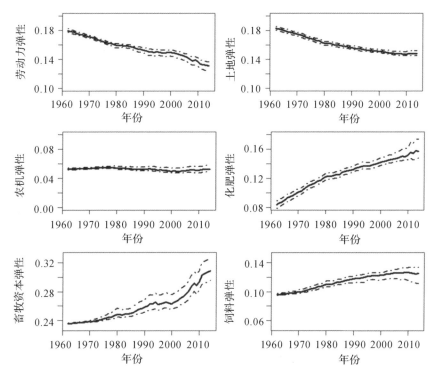

图 12-3　1960—2014 年全球农业各投入要素平均产出弹性随时间变化趋势

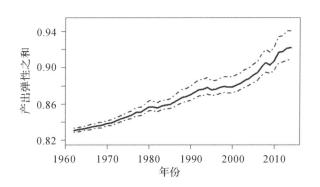

图 12-4　1960—2014 年全球农业规模经济效应随时间变化趋势

二、技术进步和生产率驱动机制尚未厘清

农业在人类历史上发挥着基础性作用,一直是世界发展的重要组成部分。

农业增长是整个经济增长的前提和必要条件。20 世纪以前，农业增长的主要动力是投入的增长，特别是劳动力的增加和耕地面积的扩大。然而到 20 世纪末，由于世界范围内农业劳动力的减少和耕地面积的约束，技术进步和生产率增长成了农业增长的主要推手。因此，越来越多的学者开始关注技术进步和生产率的影响因素。

增长核算法（Growth Accounting）是一种已被广泛用于解决上述问题的方法，它可以计算经济增长中投入要素变化的贡献和全要素生产率变化的贡献（Zhang et al.，2020）。进一步研究发现，研发投入和国际贸易等经济驱动因素通过提高全要素生产率促进农业增长。许多学者利用全要素生产率对研发投入和国际贸易等因素的回归测算驱动因素的边际影响，进而将它们也引入增长核算法，计算各个驱动因素对农业增长的贡献率。

然而，这种传统方法只能估计增长驱动因素对（农业）经济增长的总体影响，却无法识别增长驱动因素促进增长的途径或渠道，因为所有可能的途径都混杂在以索洛余值衡量的全要素生产率中。无法厘清经济增长的驱动机制在现实中是一个大问题。例如，假设一个国家的公共科研投入（R&D）存在预算约束，我们应该如何分配 R&D，从而在最大程度上促进经济增长？这是现实世界一个重要的公共政策问题，需要通过比较 R&D 对经济增长不同途径的边际影响才能得出结论，而传统增长核算法无法实现这种机制分析。

Egli（2008）指出，农业全要素生产率提高的来源包括农业机械化、高效化肥、土壤改良、更易消化的饲料等。换句话说，农业全要素生产率提高主要体现在各类投入要素的技术进步方面，而这些方面的改善都依赖于农业研发支出。因此，研发投资可以通过多种途径提高农业 TFP，进而实现产出增长。受此启发，Gong（2020a）构建新增长核算模型，打开全要素生产率这个"黑箱"，将其分解为"与各投入要素相关"（input-embedded）部分和"与投入要素无关"（input-free）部分。与传统增长核算法相比，新增长核算法不但能测算某种驱动因素对经济的影响，还能厘清经济增长的传导机制，并识别驱动因素通过不同途径对经济增长的边际影响，从而找到刺激经济增长的最优路径。图 12-5 比较了传统模型与新模型，从图中可以看出，新模型从理论上分解了全要素生产率，进而厘清各因素通过不同途径驱动经济发展的内在机制。

Gong（2020a）使用新增长核算法实证研究了研发投入、国际贸易和农业结构转型这三种驱动因素在 1962—2014 年对 107 个国家农业增长的影响。表 12-1 显示了用传统增长核算和新增长核算方法估计出来的农业增长来源。用新增长核算法估计得出：世界农业年均增长 2.13%，其中投入增长拉动了 1.53%，生

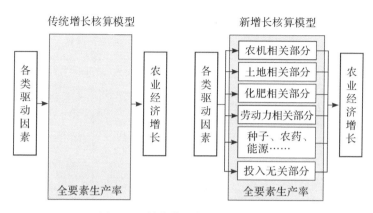

图 12-5　传统模型与新模型的比较

产率增长拉动了 0.76%,剩下的 -0.16% 归于随机扰动项。在各个驱动因素中,研发投入和国际贸易对全球农业增长的贡献巨大,各占 15%。研发投入促进农业增长最有效的途径是改良化肥和改进机械;国际贸易则通过土地和牲畜资本的途径有效促进农业增长。结构转型对全球农业增长的贡献是年均 0.06%,贡献率为 3%。

表 12-1　世界农业增长核算　　　　　　　　　　　　　　　单位:%

年增长率来源	传统增长核算	新增长核算			
	总体(1)	总体(2)	科研投入(3)	国际贸易(4)	产业结构(5)
1. 投入要素	1.28	1.53	～0	～0	～0
(1)劳动力	0.02	0.04	～0	～0	～0
(2)土地	0.15	0.11	～0	～0	～0
(3)农机	0.10	0.19	～0	～0	～0
(4)化肥	0.40	0.48	～0	～0	～0
(5)牲畜资本	0.28	0.33	～0	～0	～0
(6)饲料	0.32	0.38	～0	～0	～0
2. 全要素生产率	0.86	0.76	0.31	0.32	0.05
(1) 与各投入要素相关部分	—	0.27	0.31	0.32	0.05
①劳动	—	-0.60	-0.24	-2.29	-0.16
②土地	—	-0.74	-0.07	0.67	-0.11

续表

年增长率来源	传统增长核算	新增长核算			
	总体(1)	总体(2)	科研投入(3)	国际贸易(4)	产业结构(5)
③农机	—	−0.02	0.20	2.50	0.02
④化肥	—	0.85	0.23	−1.13	0.22
⑤牲畜资本	—	0.44	0.12	1.15	0.03
⑥饲料	—	0.34	0.07	−0.57	0.05
(2)与各投入要素无关部分	—	0.49	~0	~0	~0
3. 残差	−0.01	−0.16	—	—	—
产出增速	2.13	2.13	0.32	0.33	0.06

表 12-2 列出了过去五十年中每十年新增长核算的结果,以此研究全球农业增长模式的动态演化。20 世纪 60 年代至 70 年代,投入增长是产出增长的主要来源。从 80 年代到 90 年代,生产率增长的贡献率达到 40%,这表明世界范围内农业部门的重大技术进步和增长模式转变。在 21 世纪的头十五年,生产率增长的贡献超过投入增长,反映出农业现代化的作用不断扩大。随着时间的推移,全球农业已从粗放式增长转向集约式增长。

表 12-2　不同时期世界农业增长核算　　　　　　　　单位:%

时间段	产出增速(1)	投入要素增速(2)	生产率增速(3)	科研投入(4)	国际贸易(5)	产业结构(6)
全样本	2.13	1.53	0.76	0.32	0.33	0.06
1960 年代	2.68	2.71	−0.19	0.69	0.08	0.03
1970 年代	1.91	1.92	−0.02	0.31	0.52	0.23
1980 年代	2.06	1.24	0.77	0.36	0.32	0.06
1990 年代	1.98	1.01	0.89	−0.09	−0.05	0.04
2000—2014 年	2.14	1.17	1.38	0.29	0.68	0.44

表 12-3 列出了不同发展阶段国家的农业增长核算结果。发达国家的农业增长更依赖于生产率增长,而欠发达国家则更依赖于投入增长。在其他两种分类方法下也得出了类似的结论:高收入国家和城市化国家实现了集约型增长,而低收入国家和传统农业国家依赖粗放式增长。研究发现,发达国家在样本期内

的平均农业增速低于欠发达国家,前者的增长更多地通过研发投入和国际贸易提升生产率实现。对于欠发达国家,早期的增长严重依赖于投入要素驱动,当其积累一定数量的先进投入要素,投入要素组合趋近于发达国家后,可以更好地通过生产率驱动农业增长。这也为 Basu and Weil(1998)的适宜技术理论提供了证据。

表 12-3　不同发展阶段国家农业增长核算　　　　单位:%

国家分类	产出增速(1)	投入要素增速(2)	生产率增速(3)	科研投入(4)	国际贸易(5)	产业结构(6)
全样本	2.13	1.53	0.76	0.32	0.33	0.06
按发展程度						
欠发达国家	2.46	1.96	0.50	0.14	0.02	0.08
发达国家	0.92	−0.10	1.72	0.99	1.44	−0.03
按收入水平						
低收入国家	2.37	2.43	0.03	0.16	−0.25	0.02
中低收入国家	2.85	2.19	0.36	0.11	−0.13	−0.03
中高收入国家	2.46	1.71	0.71	0.20	0.13	0.06
高收入国家	1.16	0.26	1.63	0.67	1.23	−0.03
按农业水平						
传统农业国家	2.68	2.60	0.20	0.17	−0.22	0.06
转型中国家	2.41	1.76	0.75	0.16	0.24	−0.04
城市化国家	1.56	0.56	1.23	0.51	0.82	0.11

三、各类测算方法仍存在缺陷

现有农业技术进步测算方法仍有改进的空间。例如,随机前沿分析(SFA)和数据包络分析(DEA)作为最常使用的两种前沿分析法,虽然都被广泛应用于农业技术进步测算,但均存在不足。SFA 的劣势是具有较强的函数形式假设,例如柯布-道格拉斯形式或超越对数形式。当实际投入产出关系与这些假设存在明显差异时,估计结果也将存在较大的偏误。DEA 的劣势是没有随机扰动项来控制测量误差和不确定因素的影响,这对于生产风险较大、数据测量误差较大的农业来说是一个较大的问题。针对上述两种方法各自的缺点,计量经济学家从不同方面出发,完善现有模型,试图弥补这些方法理论上的不足。

一些学者(Wu and Sickles,2018;Gong,2018b)利用半参数和非参数的方法放松 SFA 对函数形式较强的假设,以弥补 SFA 的缺点。经济学理论中,对生产函数最宽松的假设有两点。一是单调性(monotonicity),即生产单位使用更多投入要素时,产量不可能减少。二是凸性(concavity),即生产单位使用更多投入要素时,边际产量下降。值得指出的是,柯布-道格拉斯和超越对数等形式的生产函数,均满足单调性和凸性,但还附加了许多其他的假设(例如对产出弹性的假设)。Wu and Sickles(2018)构建了一个满足单调性和凸性的半参数方程: $\xi(x) = \int_0^x \exp(\int_0^s - g(h(w))\mathrm{d}w)\mathrm{d}s$ 。其中,积分($\int_0^x (\cdot)\mathrm{d}s$)中嵌入指数函数($\exp(\cdot)$),保证了上述方程的一阶导数 $\xi'(x) = \exp(\cdot) \geqslant 0$,因此确保了单调性。同时,假设在第二个积分($\int_0^s (\cdot)\mathrm{d}w$)中的方程 $g(x) = x^2$,则可以确保二阶导数 $\xi''(x) = \xi'(x)[-g(h(w))] \leqslant 0$,这是因为 $\xi'(x) \geqslant 0$ 和 $g(h(w)) = [h(w)]^2 \geqslant 0$ 成立。而二阶导数小于或等于零保证了凸性。最后,方程 $h(w)$, $w \in [0,1]$ 是一个没有约束的方程。Wu and Sickles(2018)建议用非参数的样条(spline)法进行估计。以此为基础,Gong(2018b)构建了半参数农业生产函数: $Y_{it} = A[\prod_{k=1}^M \xi_k(X_{it}^k)]\exp(\tau Z)\exp(v_{it})\exp(-u_{it})$ 。其中,方程 $\xi_k(X_{it}^k)$ 的构造同 Wu and Sickles(2018),因此保证了各项投入要素(X_{it}^k)与产出(Y_{it})的关系均满足单调性和凸性的最小约束。

由于随机前沿分析(SFA)和数据包络分析(DEA)是效率分析的互补方法,针对两者的特性,一些学者试图将其结合起来,提出随机数据包络分析法(Stochastic DEA)。随机数据包络分析包括利用生产经济学公理(如随机投入和产出的凸性或无界性)进行效率分析的方法,以及进一步基于统计公理或分布假设(考虑随机无效率的估计项)的效率分析方法。Olesen and Petersen(2016)总结了三个主流的扩展方向:①扩展处理随机偏差估计偏离前沿的能力;②扩展处理随机噪声测量误差或规范形式错误的能力;③扩展基于数据随机变化的潜在生产可能性集(PPS)边界。一种被视为在上述三个方向上均有突破的方法是半参数 SFA 法(Semi-parametric SFA),该方法最早是由 Banker and Maindiratta(1992)提出的(简称 BM92 模型),将满足单调性和凸性的 DEA 型非参数边界与 SFA 式的随机复合误差项相结合。在此基础上,Kuosmanen and

Johnson(2010)以及 Kuosmanen and Kortelainen(2012)进一步改进 BM92 模型,提出了一种新的两阶段方法,即随机非光滑数据包络分析法(Stochastic Nonsmooth Envelopment of Data,StoNED)。该方法的第一阶段应用凸非参数最小二乘法(CNLS)来估计边界的形状,因此不需要对边界的函数形式或光滑性作任何假设;在第二阶段,基于 CNLS 残差,利用矩估计或伪似然技术估计无效率的条件期望。此外,另一些学者试图将随机扰动项引入 DEA,提出机会约束数据包络分析法(Chance Constrained DEA,CCDEA),旨在弥补 DEA 的不足,该方法利用机会约束规划的零阶决策规则和多元正态分布的确定性等价函数,并采用了 DEA 可加性模型的扩展形式,使得当随机元素存在时,DEA 模型可用于效率测算(Olesen and Petersen,1995;Cooper et al.,1998)。这些模型的修正和创新,对在现有框架下更加准确地测算农业技术进步及其贡献率也具有重大意义。

四、度量方法的选择问题

首先,在不同测算方法中,如何选择最合适的方法,是应用经济学家常常遇到的问题。仍以 SFA 和 DEA 两种方法为例,上文已经说明两者各有优劣,并且均被广泛使用。农业生产大多在露天情况下进行,受气候、灾害等不确定因素影响较大,且由于监督成本高昂,统计投入产出数据时测量误差较大,因此拥有随机扰动项的 SFA 方法可能更为合适。但对于现代化的制造业,室内的生产环境和高度可控可监测的设备,使得 SFA 的优势不再明显。相反,现代制造业中多部门的协作和较长的产业链使得投入产出关系极具复杂性,与柯布-道格拉斯等简单函数形式不一致的问题可能更加严重,因此使用 DEA 方法可能是更好的选择。此外,当利用宏观数据进行分析或需要估算投入弹性等经济学指标进行后续分析时,SFA 可能也是更为合适的方法。综上,测算方法的选择主要取决于研究的对象和目的,以及数据的质量和特性。

其次,在确定某种方法(SFA 或 DEA)后,还需要在不同模型设定(specification)中选取最合适的一种。以农业技术进步测算为例,假设已经确定使用 SFA 法,可供选择的模型依然很多。在选择使用 Cornwell et al.(1990)提出的 CSS 模型、Battese and Coelli(1992)提出的 BC92 模型、Alminidis and Qian(2014)提出的 Bounded Inefficiency 模型,亦或是其他模型时,还应主要依据研究者对其研究对象的效率缺失项 u_{it} 分布的判断。例如,假设通过对农户生产的细致观察，发现效率低于一定程度的农户均会通过土地流转的方式退出农业生产，那么假设存在一个最低准入门槛的方法（例如 Bounded Inefficiency 模型）可能是一个更好的选择。

最后，若无法从产业特性的角度去选择模型，则一些信息准则（例如，赤池信息准则 AIC、贝叶斯信息准则 BIC 等）可以作为检验不同候选模型拟合优度的工具，进而选择最优的模型。值得指出的是，某些行业的生产过程较为复杂，其投入产出数据生成的过程（data generating process）可能需要几种模型同时拟合才能更加准确地估计。此时，利用模型平均法，即根据各个候选模型解释数据能力的大小赋予相应的权重，最后利用各个候选模型的加权平均结果可能是一个更好的选择。

龚斌磊（2018）在研究中国农业生产率时，先后引入了固定效应模型（FE）、随机效应模型（RE）、Cornwell Schmidt Sickles（CSS）模型和 Kneip Sickles Song（KSS）模型。其中，固定效应模型和随机效应模型假设生产率不随时间变化，而 CSS 模型和 KSS 模型允许生产率随时间变化。CSS 模型假设生产率 $\alpha_{it} = \theta_{i1} + \theta_{i2}t + \theta_{i3}t^2$，并引入了一种基于组内估计（within estimator）和一种基于广义最小二乘估计（GLS Estimator）的方法来预测生产函数（生产前沿）和生产率，这两种方法分别被称为 CSSW 和 CSSG。KSS 模型假设 $\alpha_{it} = c_{i1}g_{1t} + c_{i2}g_{2t} + \cdots + c_{iL}g_{Lt}$，其中 $g_{1t}, g_{2t}, \cdots g_{Lt}$ 是基函数（basis function），因此，个体效应被表示成一系列关于时间的平滑函数（smooth function）的总和。与非参数方法比较，KSS 这种半参数的方法可以更快地收敛，并且结果更容易从经济学视角进行解读。但是，和参数方法相比，该方法检验功效较弱，并且计算工作量大。当参数方法的假设准确时，参数方法更占优势。基于 1990—2015 年我国省级农业面板数据，龚斌磊（2018）首先利用 HAUSMAN 检验在固定效应模型和随机效应模型中剔除了随机效应模型。然后，利用刀切模型平均法（jackknife-based model averaging method）选择相应的权重分配给固定效应模型、CSSW 模型、CSSG 模型和 KSS 模型。结果显示，固定效应模型的权重为 0.6842，KSS 模型的权重为 0.3158，而 CSSW 模型和 CSSG 模型的权重均为零。因此，该研究利用固定效应模型和 KSS 模型的加权平均结果测算出农业生产率。

五、投入产出变量的界定问题

(一)林牧渔业投入要素的忽视问题

首先值得重视的是农业投入产出变量匹配性问题。以利用省级农业数据研究我国农业总体生产函数和技术进步为例,已有文献(例如,Kalirajan,1996;王珏等,2010;龚斌磊等,2019)常常以农林牧渔总产值作为产出变量,以劳动力、土地、化肥和农机四种要素为投入变量。① 这些研究大多使用中国统计年鉴中公布的宏观数据。虽然这一数据源将农业总产值分为作物、畜牧业、林业、渔业和副业,但投入品的使用没有按部门分类。美国农业部(USDA)的国际农业生产率数据库中,投入变量不仅包括劳动力、土地、化肥、农机,还包括了牲畜存栏量和饲料,而这两种畜牧业重要的投入要素在研究中国农业生产时往往被忽略。考虑到畜牧业占农业比重从1952年的11%提高到2018年的25%,在测算农业技术进步率时,生产函数中侧重种植业而忽略林牧渔业投入要素造成的估计误差将越来越大。

为解决畜牧业等其他子产业投入变量缺失问题,现有文献通常分产品类型或分产业测算农业全要素生产率。例如,Jin et al.(2010)利用《全国农产品成本收益资料汇编》绘制了中国23种主要农产品的投入和产出趋势,并测算了大宗农产品(水稻、小麦、玉米、大豆、棉花)、大多数园艺商品(辣椒、茄子、黄瓜、西红柿)和畜牧商品(生猪、鸡蛋、肉牛、乳制品)的全要素生产率;Sheng et al.(2020)使用同一数据源测算了中国种植业和畜牧业的全要素生产率。在测算中国畜牧业全要素生产率方面,Ma et al.(2004a,2004b)、Rea et al.(2006)以及Ma et al.(2007)等在数据构建和畜牧业全要素生产率测算方面做出了突出贡献。Ma et al.(2004a,2004b)表明牲畜消费和供给数据差异较大,产出数据和饲料供应数据之间缺乏一致性,因此他们通过补充额外信息源对中国畜牧业消费和生产数据进行调整,并得到了较为准确的估计结果。Rea et al.(2006)和Ma et al.(2007)都主要基于农本数据,使用牲畜存栏量、劳动力、饲料和非牲畜资本作为投入要素,对中国奶牛产业和畜牧业全要素生产率进行了测算。Jin et al.

---

① 在改革开放初期农业机械还没有普及时,牲畜数量特别是大牲畜数量也是重要的农业投入要素。

(2010)在测算中国畜牧业产品全要素生产率时，借鉴 Ma et al.(2004a,2004b)，进一步基于农本数据构建了按畜牧农场类型划分的投入变量时间序列数据，并在附录中进行了详细说明。国内测算畜牧业全要素生产率的文献大多基于《中国畜牧业统计年鉴》或《全国农产品成本收益资料汇编》等统计数据进行宏观层面的生产率测算（梁剑宏和刘清泉，2015；易青等，2014；于占民，2017；崔姹等，2018；Gong,2020b）。关于渔业和林业全要素生产率测算的文献相对更少，基于宏观统计数据的测算基本沿用生产核算的一贯范式，采用相应产业的劳动力、资本、中间投入进行核算（沈金生和张杰，2013；陈向华等，2013）；基于微观调研数据或相应产业上市公司数据的测算一般采用更为详细的生产成本数据进行核算（苏时鹏等，2012；苏时鹏等，2015；乐家华和俞益坚，2019）。

（二）投入要素的遗漏变量问题

作为对比，美国农业部公布的美国农业投入要素包括了劳动力、土地、资本和中间投入（Gong,2018c）。其中，农业资本的变量除了农机，还包括其他耐久设备、农用建筑和库存；中间投入的变量除了化肥，还包括饲料、种子、能源、农药、服务费用及其他中间投入。不难发现，即使只关注种植业，我国相关研究中投入要素的选取也有所缺失，这主要是统计年鉴中农药、能源等投入要素数据的缺失值较多造成的，因此如何补齐这些数据至关重要。

现有的测算和研究中国农业全要素生产率的文献一般基于宏观统计数据，最常见的一类是使用包含省级面板的年鉴数据，例如《中国统计年鉴》《中国农村统计年鉴》《中国畜牧业统计年鉴》等。还有一类是利用《全国农产品成本收益资料汇编》进行分作物的核算，《全国农产品成本收益资料汇编》是我国各级价格主管部门和棉麻、烟草、蚕茧、中药材、渔业、林业等行业主管部门对全国 1550 多个调查县（市）约 6 万个农户的典型调查汇总数据，但仍能刻画农户层面的生产信息，是目前较为全面刻画中国农业投入产出关系的数据资料。许多学者基于这套数据测算中国农业全要素生产率，并进行国际比较（Huang and Rozelle，1996；Jin et al.，2002；Ma et al.，2004a,2004b；Rae et al.，2006；Jin et al.，2010；Wang et al.，2013；Sheng et al.，2020）。在《全国农产品成本收益资料汇编》中，生产成本被细分为物质成本和劳动力成本，其中物质成本又由种子费、肥料费、农膜费、农药费、外包服务费、燃料动力费、保养和维修费组成，如图 12-6 所示。在中间投入度量方面，Sheng et al.(2020)使用这套数据将总产出乘以该中间投入的单位成本得到每项中间投入的总成本，然后用总成本除以相应的价格指数得出了每种中间投入的隐含数量。

◆　总产值
　　✧　生产成本　　　　　　　　＝物质费用＋劳动力成本
　　　●　物质费用
　　　　　1) 种子 ⎫
　　　　　2) 化肥 ⎪
　　　　　3) 农家肥 ⎪
　　　　　4) 农膜 ⎪
　　　　　5) 农药 ⎪
　　　　　6) 畜力 ⎬　　　　　　　直接费用
　　　　　7) 机械 ⎪
　　　　　8) 排灌 ⎪
　　　　　9) 燃料 ⎪
　　　　　10) 棚架 ⎪
　　　　　11) 其他 ⎭
　　　　　1) 固定资产折旧 ⎫
　　　　　2) 初期费用分摊 ⎪
　　　　　3) 小农具购置和修理费 ⎬　　间接费用
　　　　　4) 农田基建费 ⎭
◆　净产值　　　　　　　　　　　＝总产值－物质费用
　　　●　劳动力成本(用工作价)＝用工数量×劳动日工价(地区/统一)
　　　　✧　期间费用
　　　●　承包费
　　　●　管理费
　　　●　销售费
　　　●　财务费
　　　　✧　税金
◆　含税成本(总成本)　　　　　　＝生产成本＋期间费用＋税金
◆　利润　　　　　　　　　　　　＝总产值－总成本

图 12-6　《全国农产品成本收益资料汇编》部分变量结构

(三)投入要素测算的偏误问题

Sheng et al.(2020)提出现有文献中测算中国农业全要素生产率的偏误在于产出、劳动力和资本的衡量上,为此他们使用三组数据对中国种植业和畜牧业生产进行了核算。在劳动力投入量衡量方面,文献中经常利用农林牧渔从业人数作为劳动力投入量,但在"半工半农"现象日益增多的今天,该数据往往不能准确反映劳动投入的工时数。Sheng et al.(2020)将劳动力分为雇佣型和自用型,并且基于《全国农产品成本收益资料汇编》数据得到了各自的工资水平。在资本投入量方面,现有文献一般采用农机总动力指标测算。虽然农业机械是农业生产中最主要的资本投入,但该指标主要衡量的是数量,难以反映资本结构和质量变化。这类问题在生产率跨国比较的文献中较为常见,针对各国农业设备数据没有进行质量调整的问题,Caunedo and Keller(2021)研究了资本质量在核算各国农业生产力差异中的作用,他们发现将资本蕴含的技术(capital-embodied technology)计算在内,会大大增加资本在解释农业劳动生产率跨国差异中的重要性。他们用新资本的价格体现技术水平,用新资本相对于旧资本的价格体现技术增长率,然后构建一个内生的采用不同质量的资本模型将这些价格差异与资本蕴含技术的路径联系起来。研究发现调整质量差异后,资本对农业劳动生产率跨国差异的重要性从 21% 增加到 37%。在中国农业全要素生产率测算的资本衡量方面,Sheng et al.(2020)首先估算了每项可折旧资产的资本存量作为过去固定资产投资的权重,然后通过租金价格将资本存量转化为资本服务(Ball et al.,2016)进行衡量。

在全要素生产率的基础上,考虑投入要素使用率的一个新的指标——"纯化全要素生产率",这对投入要素测算的准确性提出了更高的要求。以资本这一投入要素为例,测算纯化全要素生产率时,估算资本存量不仅要考虑基期资本存量、新增投资量、折旧率和价格指数,还要考虑资本存量的需求因素,即产能利用率或投入要素使用率。Basu et al.(2006)将资产利用率 U 纳入生产函数中,得到了纯化的全要素生产率。当以测算 TFP 为目的而纳入产能利用率指标时,后者应当被认为是外生给定的变量,因此如何衡量产能利用率至关重要。文献中计算产能利用率的方法主要有四种(董敏杰等,2015)。第一种是实际产出与生产能力的比值,将企业设计生产能力作为合意生产能力。第二种是峰值法,将"峰年"的产值作为潜在生产能力。第三种是函数法,根据成本函数、利润函数等推算企业成本最小化或利润最大化情况下的最优产出作为合意产出。第四种是数据包络分析法(DEA),将所有投入要素给定时的最大潜在产出比上只给定固定投入要素,其他可变投入要素可以自由变化时的产出作为产能利用率。也有一些学者在静态 DEA 的基础上,考虑企业的跨期生产决策从而测算出了动态的产能利用率(Tone and Tsuisui,2010;张少华和蒋伟杰,2017)。余泳泽(2017)借鉴董敏杰等(2015)提出的技术意义上的生产能力概念,估计出了我国29 个省(区、市)的综合产能利用率,并且进一步按照 Basu et al.(2006)的思路重新估计了我国的纯化 TFP,结果表明在考虑产能利用率的情况下中国的 TFP

更高,这说明我国投资无效性或者产能过剩问题是导致 TFP 较低的重要原因。在农业领域,产能利用率的概念较少提及,也几乎从未考虑,主要原因在于数据可得性方面的限制。一般来说,测算农业全要素生产率时采用的代理变量通常是农业机械总动力,而由于我国农业社会化服务体系的不断完善,农业机械社会化服务推广已经较为普遍,如果用农业机械总动力作为衡量资本投入的指标但不考虑其利用率,将低估资本投入的影响,造成农业 TFP 的高估。方师乐等(2017)利用空间计量的方法研究了农机跨区服务的技术外溢效应,从侧面印证了农机这一资本代理变量的利用率是进一步值得考虑的因素。

(四)投入产出指标的对应问题

部分研学者对于投入变量中究竟是否应该包括中间投入品不甚了解。如果农业产出变量是农业总产值,则需要包括化肥等中间投入品;如果农业产出变量是增加值,说明产出中已经剔除了中间投入,则投入要素中也不需要包括中间投入。

改革开放以来,随着农业统计数据的不断完善,大量学者利用中国省级面板数据,运用不同的方法测算了广义农业技术进步率。当产出变量是农业总产值时,农林牧渔总产值因为其定义清晰且可获性高而广受青睐,但由于在我国的农业数据中,种植业的投入变量统计相对完善,也有部分学者选择采用种植业总产值或主要粮食作物产值作为产出变量(Lin,1992;Huang and Rozelle,1996)。与农业总产值作为产出变量相对应,其投入变量在劳动力和土地两大基本要素之外,不同学者对于中间投入的选择具有明显的差异。具体来说,中间投入通常会包括化肥,不同学者处理的异质性主要体现在种子、农药、饲料等其他中间投入的选择上。

除了选择农林牧渔总产值作为产出变量,另一种做法是用农业增加值作为产出变量的代理,这一方法应用到中国农业领域的难点在于,与制造业相比,农业增加值数据和核算标准相对匮乏。应用农业增加值作为产出变量的研究主要有 Mao and Koo(1997)、Chen et al.(2008)等。但在投入要素的选择上,以上两个研究在劳动力和土地两大基本要素的基础上,仍然纳入了化肥等其他中间投入变量,并不符合使用农业增加值测算广义技术进步率的本意。本节总结了20 世纪 90 年代以来,国内外学者在测算广义农业技术进步率时所采用的投入产出变量和测算方法,详见表 12-4。

表 12-4 中国广义农业技术进步率测算中的投入—产出变量选择

作者	年份	期刊	生产率测算方法	农业产出变量	农业投入变量
Fan	1991	AJAE	随机前沿分析	农林牧渔总产值	劳动力、土地、化肥、有机肥、机械动力
Lin	1992	AER	索洛余值法	种植业总产值	劳动力、土地、化肥、有机肥、机械动力、畜力
Wen	1993	EDCC	指数法	农林牧渔总产值	劳动力、土地、资本(农业机械、农用牲畜等)、经常性投入(化肥、有机肥、种子、饲料、杀虫剂等)
Kalirajan et al.	1996	AJAE	可变系数随机前沿分析	农林牧渔总产值	劳动力、土地、化肥、有机肥、机械动力
Mao and Koo	1997	CER	数据包络分析	农林牧渔增加值	劳动力、土地、化肥、机械动力、农业牲畜
Lambert and Parker	1998	JAE	数据包络分析	农林牧渔总产值	劳动力、土地、化肥、机械动力、农业牲畜
Fan and Pardey	1997	JDE	随机前沿分析	农林牧渔总产值	劳动力、土地、化肥、有机肥、机械动力、畜力、灌溉设施、科研投入
Jin et al.	2002	AJAE	随机前沿分析	主要粮食作物	劳动力、土地、化肥、机械、种子、农药、农膜、农业牲畜
Fan and Zhang	2002	EDCC	指数法	农林牧渔总产值	劳动力、土地、机械动力、农用牲畜、化肥、杀虫剂、种子、饲料、灌溉设施
Brümmer et al.	2006	JDE	随机前沿分析	种植业、畜牧业总产值	劳动力、土地、资本、中间投入费用
Chen et al.	2008	CER	数据包络分析	农林牧渔增加值	劳动力、土地、机械动力、农用牲畜
Wang et al.	2013	AE	指数法	种植业、畜牧业总产值	劳动力、土地、资本(固定资产、农业机械、农用牲畜)、中间投入品(化肥、农药、能源、种子、饲料)
Wang et al.	2016	AE	随机前沿分析	主粮食作物单产	劳动力、化肥、机械动力
Gong	2018	JDE	可变系数随机前沿分析	农林牧渔总产值	劳动力、土地、化肥、机械动力
Sheng et al.	2020	AJARE	指数法	主要农产品总产值	劳动力、土地、资本(固定资产、农用机械等)、中间投入品

注:①期刊名称为简写,其中 AER(*American Economic Review*)、JDE(*Journal of Development Economics*)、AJAE(*American Journal of Agricultural Economics*)、AE(*Agricultural Economics*)、JAE(*Journal of Agricultural Economics*)、EDCC(*Economic Development and Cultural Change*)、CER(*China Economic Review*)、AJARE(*Australian Journal of Agricultural and Resource Economics*)下同。

②机械动力是指以万千瓦时为单位的动力指标,资本中的农业机械则是按照一定的折旧率估算的农业机械净值。

（五）投入要素和生产率影响因素的界定问题

灌溉、财政支出等变量是投入要素还是生产率影响因素也是在界定变量时应考虑的问题。以财政支出为例，部分学者（例如，李焕彰等，2004；魏朗，2007；黎翠梅，2009）认为农业财政支出是一种投入要素，其他学者（例如，李晓嘉，2012；刘佳等，2014；叶初升等，2016）则认为农业财政支出是通过影响技术进步或生产率来影响农业产出的。

在具体的模型设置中，前者主要将财政支出作为一种投入要素纳入生产函数模型中，后者则是在利用不同的方法测算出全要素生产率后，构建生产率决定模型，将财政支出作为直接影响全要素生产率的自变量。财政支出的代理变量选择中，最为常见的是由农业基本建设支出、农业科技三项费用、支援农村生产支出和农村水利气象事业费等构成的财政支农支出，也有少部分研究的代理变量是财政支农支出占农业总产值的比重，详见表 12-5。

表 12-5　中国广义农业技术进步率测算中财政投入的处理

作者	年份	期刊	生产率测算方法	财政投入代理变量	模型中的设定
李焕彰等	2004	中国农村经济	传统生产函数	财政支农支出	投入要素
魏朗	2007	中央财经大学学报	传统生产函数	财政支农支出	投入要素
黎翠梅	2009	中国软科学	传统生产函数	财政支农支出	投入要素
Dong	2000	Journal of Development Studies	传统生产函数	农业公共投资	投入要素
李晓嘉	2012	经济问题	指数法	财政支农支出	生产率促进因素
刘佳	2014	中国农业资源与区划	随机前沿分析	财政支农支出	生产率促进因素
叶初升	2016	武汉大学学报	超效率 BAM 模型	财政支农支出占农业总产值比重	生产率促进因素
Gong	2018	Emerging Markets Finance and Trade	随机前沿分析	财政支农支出	生产率促进因素

注：Dong（2000）与其余利用省级面板数据的研究不同，是少有的利用微观数据研究农业公共投资对农业生产的影响的研究。

与财政支出类似，学界对灌溉设施等因素影响农业产出的路径和机制尚未达成一致意见，这也会影响农业技术经济及其贡献率的测算。在灌溉设施代理变量的选择上，学者们通常采用可灌溉的耕地面积表示，一部分研究将其作为一种投入要素纳入生产率测算模型,如 Fan and Pardey(1997)、Fan and Zhang (2002);另一部分研究则是将灌溉设施放入生产率决定模型中,从而得出灌溉设施对生产率的影响大小,如 Chen(2008)、Gong(2018a)等,详见表 12-6。

表 12-6　中国广义农业技术进步率测算中灌溉设施的处理

作者	年份	期刊	生产率测算方法	灌溉设施代理变量	模型中的界定
Fan and Pardey	1997	JDE	变系数随机前沿分析	可灌溉的耕地面积	投入要素
Fan and Zhang	2002	EDCC	指数法	可灌溉的耕地面积	投入要素
Chen	2008	CER	数据包络分析	可灌溉的耕地面积	生产率促进因素
Gong	2018	JDE	变系数随机前沿分析	可灌溉的耕地面积	生产率促进因素

(六)投入要素和非期望产出的界定问题

温室气体排放和污染排放变量在变量界定时应当作投入要素还是产出要素也值得研究。在农业生产的过程中,一方面畜牧业的发展和农业机械的使用会产生温室气体,另一方面农药和化肥的使用会产生污染。在早期文献中,这些变量往往被忽略,没有被纳入生产函数。随着环境保护和绿色发展的理念深入人心,越来越多的学者在构建农业生产函数时也开始考虑温室气体排放和污染排放,这有利于评估节能减排相关技术进步的贡献。Ebert and Welsch(2007)指出,部分学者将这些变量视作产出变量中的非期望产出(bad output),而其他学者则认为这些变量应该作为投入要素并纳入生产函数。

部分研究基于多投入视角,将环境污染视为一种生产投入要素(Hailu and Veeman,2001;李胜文等,2010;张江雪和朱磊,2012;匡远凤和彭代彦,2012)。这种方法通常使用随机前沿分析(SFA)的方法,将环境污染作为一种未支付的投入,在最小化投入的同时也使环境污染最小化,在技术上具有可行性。但这种做法不符合实际生产过程,实际生产中环境污染等并不用作投入,比如,工业生产中的投入包括化石能源投入,但是产出却没有包含与之相关的污染排放,污染排放被作为一种要素投入来处理可能会使实际投入与产出不对等(周五七,2015)。此外,在分析生产效率的影响因素时,隐含的假定是各影响因素对环境污染等存在影响,而实际上,影响效率的因素仅对用于实际生产过程的投入要素存在影响,对环境污染等是不存在影响的,这与实际情况不符。因此,近年来更多学者将环境污染等作为一种产出而非投入要素。生产过程中,生产单位除了生产出希望获得的正常产出(期望产出,如 GDP),还经常不可避免地生产一些不愿意获得的"副产品"(非期望产出,如污染)。这就需要构造出一个既包含期望产出又包含非期望产出的生产可能性集合，即环境技术。

1. 环境技术与方向距离函数

假设某个决策单元（Decision making unit，DMU）使用 N 种投入生产出 M 种期望产出和 I 种非期望产出，环境技术可用如下产出集合表示：

$$P(x) = \{(y,b) : x \text{ 能生产}(y,b)\}, x \in R_+^N。$$

其中，$x = (x_1, x_2, \cdots, x_N) \in R_+^N$ 为 DMU 使用的 N 种投入，$y = (y_1, y_2, \cdots, y_M) \in R_+^M$ 为生产出的 M 种期望产出，$b = (b_1, b_2, \cdots, b_I) \in R_+^I$ 为生产出的 I 种非期望产出。

一般假设 $P(x)$ 是一个有界的闭集，并具有以下特性：

（1）期望与非期望产出具有联合弱可处置性（jointly weak disposability）：如果 $(y,b) \in P(x)$ 且 $0 \leqslant \theta \leqslant 1$，那么 $(\theta y, \theta b) \in P(x)$。即要减少非期望产出必须减少期望产出，非期望产出的减少是以期望产出的减少为代价的，该条件保证了生产可能性边界的凸性。

（2）投入与期望产出具有强可处置性（strong or free disposability）：如果 $x_1 \geqslant x_2$，那么 $P(x_1) \supseteq P(x_2)$；如果 $(y_1,b) \in P(x)$ 且 $y_1 \geqslant y_2$，那么 $(y_2,b) \in P(x)$。

（3）期望产出与非期望产出具有零结合性（null-jointness）：如果 $(y,b) \in P(x)$ 且 $b = 0$，那么 $y = 0$。即没有非期望产出就没有期望产出，该条件保证了生产可能性边界经过原点。

距离函数（distance function）是近年来研究多投入和多产出生产技术的理论基础，由 Shephard（1970）提出。距离函数在度量产出时未将期望产出和非期望产出进行区分，计算在既定投入下所有产出同比例扩张的最大倍数，因而无法反映非期望产出减少的情况。为了解决这一问题，Chung et al.（1997）在距离函数的基础上构造了方向距离函数（directional distance function，DDF），要求投入和产出按照既定的方向进行减少或增加以实现效率的改进。方向距离函数的表达式如下：

$$\vec{D}_0(x, y, b; g) = \sup\{\beta : (y,b) + \beta g \in P(x)\}$$

其中 $g = (g_y - g_b)$ 为产出扩张向量，表示在既定投入 x 下，期望产出成比例扩张，同时非期望产出成比例收缩；β 为沿方向向量 g 产出所能扩张的最大倍数。DDF 值越小表明决策单元的生产越接近生产可能性边界，其效率越高，反之则表明其效率越低。

2. 环境效率的测度

与前文技术进步的测算方法相一致,根据基准生产前沿面确定方法的不同,环境效率的测算主要分为以随机前沿分析(SFA)为代表的参数法和以数据包络分析(DEA)为代表的非参数法。

参数法能得到参数估计值及其统计量,在考虑随机因素影响的基础上,对生产无效率进一步分解,便于判断估计结果的可靠性。然而,参数法需预设生产函数的形式,对误差项服从的特定分布进行强假设,而且技术性处理环节较多,估算过程较为复杂。一般来说,有两种经济模型可以用来模拟既有期望产出又有非期望产出的生产过程。第一种模型采用单方程生产函数,将期望和非期望产出作为联合产品。在这种情况下,非期望产出通常被视为期望产出之间满足正相关关系的标准投入(Cropper and Oates,1992;Reinhard et al.,1999),或者一种需要增加更多的投入或更少的期望产出的产出(Färe and Grosskopf,2000;Fernández et al.,2002;Atkinson and Dorfman,2005;Agee et al.,2014)。第一种模型对上述两种类型的产出都定义了一个单一的无效率项(谌莹和张捷,2016),但这一综合效率指数未能区分环境效率与传统技术效率之间的关系(Kumbhakar and Tsionas,2016),也就是说,单一的效率项不能提供足够的信息来确定理想状态下的生产情况和环境影响。基于此,有学者提出用多个产出函数来表示污染与生产之间的关系,即副产品生产法(By-production Approach)(Murty et al.,2012)。与单一的生产函数模型相反,副产品生产法包含两种不同的子技术:一种标准的理想产量生产技术和一种与非期望产出相关的剩余生产技术。进而同时测算出技术效率和环境效率(Kumbhakar and Tsionas,2016)。

非参数方法无需预设生产函数表达形式,可避免残差自相关问题,而且能对全要素生产率指数进行分解,从而进一步分析经济增长的动力来源。然而,非参数法对数据质量的要求较高,异常值会影响生产率测算结果,而且无法获得测算可信度的相关统计量。在考虑污染排放等非期望产出约束的多投入多产出系统中,以DEA为代表的非参数方法能更方便地拟合可持续发展的要求,因此得到了广泛应用。在非参数方法中,基于方向距离函数(DDF)的DEA模型(DDF-DEA)是测算环境全要素生产率的重要工具,DDF-DEA模型实质上是对径向DEA模型的一般化表达,研究者可自行定义DMU在生产前沿面上的投影方向,对投入或产出进行同比例径向处理,从而较好地解决了含有非期望产出的生产效率评价问题。但是,与所有的径向DEA模型相似,DDF-DEA模型没有剔除投入或产出可能存在的松弛造成的非效率成分,严格的完全有效率状态应该是既没有径向无效率也没有投入或产出松弛，当投入或产出存在非零松弛时，决策单元的效率水平可能被高估。基于此，Tone(2001)通过在目标函数中引入投入和产出松弛量，提出了一个非径向非角度的基于松弛的 SBM-DEA 效率模型(Slacks-based Measure)，同时考虑所有投入与产出变量可能存在的改进空间，并将其体现在目标函数中。此外，在基于指数法的非参数生产率测算中，传统的 Malmquist 指数并不能测度包含非期望产出的多投入多产出模型的动态效率，因此 Chung et al.(1997)在方向距离函数的基础上构建 Malmquist-Luenberger(ML)指数，并通过线性规划的方法求解，实现了包含非期望产出的全要素生产率测度。

　　近年来关于农业环境效率的相关研究主要遵循以下两个研究线索进行：一是环境效率测算方法的比较与改进，二是基于宏中微观视角对农业环境效率进行测算与分析。李谷成等(2011,2014)分别使用基于 DDF-DEA 模型和 SBM-DEA 模型的 Malmquist-Luenberger 指数，对 1978—2008 年环境规制条件下省际农业全要素生产率增长及其源泉进行实证分析，将农业增长、资源节约与环境保护纳入一个统一框架。崔晓和张屹山(2014)在 DEA 框架下运用符合物料守恒原则的环境效率评价方法，分别对 1990—2011 年中国农业环境效率和环境全要素生产率及其变化进行了分析。Njuki and Bravo-Ureta(2015)在 SFA 框架下使用广义真实随机效应(GTRE)模型测算，通过建立假想的温室气体环境监管制度评估环境对美国主要乳制品生产县的经济影响。

参考文献

[1] 陈向华，耿玉德，于学霆，等. 黑龙江国有林区林业产业全要素生产率及其影响因素分析. 林业经济问题，2012, 32(1):50-53,59.

[2] 崔姹，王明利，石自忠. 基于温室气体排放约束下的我国草食畜牧业全要素生产率分析. 农业技术经济，2018(3):66-78.

[3] 崔晓，张屹山. 中国农业环境效率与环境全要素生产率分析. 中国农村经济，2014(8):4-16.

[4] 董敏杰，梁泳梅，张其仔. 中国工业产能利用率：行业比较、地区差距及影响因素. 经济研究，2015, 50(1):84-98.

[5] 方师乐，卫龙宝，伍骏骞. 农业机械化的空间溢出效应及其分布规律——农机跨区服务的视角. 管理世界，2017(11):65-78,187-188.

[6] 龚斌磊，张书睿. 省际竞争对中国农业的影响. 浙江大学学报（人文社会科学版），2019(3):15-32.

[7] 匡远凤,彭代彦.中国环境生产效率与环境全要素生产率分析.经济研究,2012.47(7):62-74.

[8] 乐家华,俞益坚.我国渔业生产效率比较及动态分解测算——基于上市企业数据.中国渔业经济,2019,37(6):70-79.

[9] 李胜文,李新春,杨学儒,中国的环境效率与环境管制——基于1986—2007年省级水平的估算.财经研究,2010,36(2):59-68.

[10] 李谷成,陈宁陆,闵锐.环境规制条件下中国农业全要素生产率增长与分解.中国人口·资源与环境,2011,21(11):153-160.

[11] 李谷成.中国农业的绿色生产率革命:1978—2008年.经济学(季刊),2014,13(2):537-558.

[12] 李焕彰,钱忠好.财政支农政策与中国农业增长:因果与结构分析.中国农村经济,2004(8):38-43.

[13] 李晓嘉.财政支农支出与农业经济增长方式的关系研究——基于省际面板数据的实证分析.经济问题,2012(1):68-72.

[14] 黎翠梅.地方财政农业支出与区域农业经济增长——基于东、中、西部地区面板数据的实证研究.中国软科学,2009(1):182-188.

[15] 刘佳,余国新.地方财政支农支出对农业技术效率影响分析——基于随机前沿分析方法.中国农业资源与区划,2014,35(5):129-134.

[16] 梁剑宏,刘清泉.我国生猪生产规模报酬与全要素生产率.农业技术经济,2014(8):44-52.

[17] 任力.经济增长中的技术进步机制:基于理论变迁的研究.上海:上海社会科学院出版社,2014.

[18] 沈金生,张杰.要素配置扭曲对我国海洋渔业全要素生产率影响研究.中国渔业经济,2013,31(4):63-71.

[19] 苏时鹏,马梅芸,林群.集体林权制度改革后农户林业全要素生产率的变动——基于福建农户的跟踪调查.林业科学,2012,48(6):127-135.

[20] 苏时鹏,吴俊媛,甘建邦.林改后闽浙赣家庭林业全要素生产率变动比较.资源科学,2015,37(1):112-124.

[21] 魏朗.财政支农支出对我国农业经济增长影响的研究——对1999—2003年农业生产贡献率的实证分析.中央财经大学学报,2007(9):11-16.

[22] 易青,李秉龙,耿宁.基于环境修正的中国畜牧业全要素生产率分析.中国人口·资源与环境,2014,24(S3):121-125.

[23] 于占民.中国畜牧业全要素生产率的测度与分析.兰州大学硕士学位论

文，2016.

[24] 余泳泽. 异质性视角下中国省际全要素生产率再估算：1978—2012. 经济学（季刊），2017，16(3)：1051-1072.

[25] 张江雪，朱磊. 基于绿色增长的我国各地区工业企业技术创新效率研究. 数量经济技术经济研究，2012，29(2)：113-125.

[26] 张少华，蒋伟杰. 中国的产能过剩：程度测算与行业分布. 经济研究，2017，52(1)：89-102.

[27] 周五七. 绿色生产率增长的非参数测度方法：演化和进展. 技术经济，2015，34(9)：48-54.

[28] Agee M D, Atkinson S E, Crocker T D, et al. Non-Separable pollution control: implications for a CO2 emissions cap and trade system. Resource and Energy Economics，2014，36(1)：64-82.

[29] Alminidis P，Qian J，Sickles R. Stochastic frontiers with bounded inefficiency. Mimeo，rice university，2009.

[30] Arrow K J. The Economic implications of learning by doing. Review of Economic Studies，1962，29(3)：155-173.

[31] Atkinson S E, Dorfman J H. Bayesian measurement of productivity and efficiency in the presence of undesirable outputs: crediting electric utilities for reducing air pollution. Journal of Econometrics，2005，126(2)：45-468.

[32] Ball V E, Cahill S, Mesonada C S J, et al. Comparisons of capital input in OECD agriculture，1973-2011. Review of Economics & Finance，2016，6.

[33] Banker R D, Maindiratta A. Maximum likelihood estimation of monotone and concave production frontiers. Journal of Productivity Analysis，1992，3(4)，401-415.

[34] Barro R J. Notes on growth accounting. Journal of Economic Growth，4(2)，1999，119-137.

[35] Basu S，D N Weil. Appropriate technology and growth. Quarterly Journal of Economics，1998，113(4)：1025-1054

[36] Binswanger H P，V W Ruttan，U Ben-Zion，et al. 1978. Induced Innovation：Technology，Institutions，and Development. Baltimore：The Johns Hopkins Press.

[37] Brümmer B，Glauben T，Lu W. Policy reform and productivity change in Chinese agriculture: A distance function approach. Journal of Development Economics，2006，81(1)：61-79.

[38] Basu S，Fernald J G，Kimball M S. Are technology improvements contractionary?. American Economic Review，2006，96(5)：1418-1448.

[39] Battese G E，Coelli T J. Frontier production functions，technical efficiency and panel data: with application to paddy farmers in India. Journal of Productivity Analysis，1992，3：153-169.

[40] Caunedo J，Keller E. Capital obsolescence and agricultural productivity. Quarterly Journal of Economics，2021，136(1)，505-561.

[41] Chen P，Yu M，Chang C，Hsu S. Total factor productivity growth in China's agricultural sector. China Economic Review，2008，19(4)：580-593.

[42] Chung Y，Fare R，Grosskopf S，et al. Productivity and undesirable outputs: a directional distance function approach. Journal of Environmental Management，1997，51(3)：229-240.

[43] Cooper W W，Huang Z，Lelas V，et al. Chance constrained programming formulations for stochastic characterizations of efficiency and dominance in DEA. 1998，9(1)：53-79.

[44] Cornwell C，Schmidt P，Sickles R C. Production frontiers with cross-sectional and time-series variation in efficiency levels. Journal of Econometrics，1990，46(1-2)：185-200.

[45] Cropper M L，Oates W E. Environmental economics: a survey. Journal of Economic Literature，1992，30(2)：675-740.

[46] Dong X Y. Public investment，social services and productivity of Chinese household farms. Journal of Development Studies，2000，36(3)，100-122.

[47] Ebert U，Welsch H. Environmental emissions and production economics: implications of the materials balance. American Journal of Agricultural Economics，2007，89(2)，287-293.

[48] Egli D. Comparison of Corn and Soybean Yields in the United States: Historical Trends and Future Prospects. Agronomy Journal，2008，100(3)：S-79-S-88.

［49］Fan S. Effects of technological change and institutional reform on production growth in Chinese agriculture. American Journal of Agricultural Economics, 1991, 73(2): 266-275

［50］Ebert E E, Janowiak J E, Kidd C. Comparison of near-real-time precipitation estimates from satellite observations and numerical models. Bulletin of the American Meteorological Society. 2007, 88(1): 47-64.

［51］Fan S, Pardey P G. Research, productivity, and output growth in Chinese agriculture. Journal of Development Economics, 1997, 53(1): 115-137.

［52］Fan S, Zhang X. Production and productivity growth in Chinese agriculture: new national and regional measures. Economic Development and Cultural Change, 2002, 50(4): 819-838.

［53］Fernández C, Koop G, Steel M F, et al. Multiple output production with undesirable outputs: an application to nitrogen surplus in agriculture. Journal of the American Statistical Association, 2002, 97 (458): 43.

［54］Färe R, Grosskopf S. Theory and application of directional distance functions. Journal of Productivity Analysis, 2000, 13(2): 93-103.

［55］Gong B. New Growth Accounting. American Journal of Agricultural Economics, 2020a, 102(2): 641-661.

［56］Gong B. Agricultural productivity convergence in China. China Economic Review, 2020b, 60: 101423.

［57］Gong B. Agricultural reforms and production in China: changes in provincial production function and productivity in 1978-2015. Journal of Development Economics, 2018a, 132: 18-31.

［58］Gong B. The impact of public expenditure and international trade on agricultural productivity in China. Emerging Markets Finance and Trade, 2018b, 54(15): 3438-3453.

［59］Gong B. Interstate competition in agriculture: cheer or fear? Evidence from the United States and China. Food Policy, 2018c, 81: 37-47.

［60］Griliches Z. Issues in assessing the contribution of research and development to productivity growth. The Bell Journal of Economics,

1979，10(1)：92-116.

[61] Hailu，A. Non-parametric productivity analysis with undesirable outputs：an application to the Canadian pulp and paper industry. American Journal of Agricultural Economics，2011，85(4)：1075-1077.

[62] Hayami Y，Ruttan V W. Agricultural development：an international perspective. Baltimore，Md/London：The Johns Hopkins Press，1971.

[63] Huang J，Rozelle S. Technological change：rediscovering the engine of productivity growth in China's rural economy. Journal of Development Economics，1996，49(2)：337-369.

[64] Jin S，Huang J，Hu R，et al. The creation and spread of technology and total factor productivity in China's agriculture. American Journal of Agricultural Economics，2002，84.

[65] Jin S，Ma H，Huang J，et al. Productivity, efficiency and technical change：measuring the performance of China's transforming agriculture. Journal of Productivity Analysis，2010，33(3)：191-207.

[66] Kalirajan K P，Obwona M B，Zhao S. A decomposition of total factor productivity growth：the case of Chinese agricultural growth before and after reforms. American Journal of Agricultural Economics，1996，78(2)：331-338.

[67] Kumbhakar S C，Tsionas E G. The good，the bad and the technology：Endogeneity in environmental production models [J]. Journal of Econometrics，2016，190(2)：315-327.

[68] Kuosmanen T，Kortelainen M. Stochastic non-smooth envelopment of data：semi-parametric frontier estimation subject to shape constraints. Journal of productivity analysis，2012，38(1)，11-28.

[69] Kuosmanen T，Johnson A L. Data envelopment analysis as nonparametric Least-Squares regression. Operations Research，2010.

[70] Lambert D K，Parker E. Productivity in Chinese provincial agriculture. Journal of Agricultural Economics，1998，49(3)：378-392.

[71] Lin J Y. Rural reforms and agricultural growth in China. The American economic review，1992：34-51.

[72] Lucas R. On the mechanics of economic development. Journal of Monetary Economics，1988，22(1)：3-42.

[73] Ma H，Huang J，Rozelle S. Reassessing China's livestock statistics：an analysis of discrepancies and the creation of new data series. Economic Development and Cultural Change，2004a，52(2)，445-473.

[74] Ma H，Rae A，Huang J，et al. Chinese animal product consumption in the 1990s. Australian Journal of Agricultural and Resource Economics，2004b，48(4)，569-590.

[75] Ma H，Rae A N，Huang J，et al. Enhancing productivity on suburban dairy farms in China. Agricultural Economics，2007，37(1)，29-42.

[76] Ma H，Rae A N，Huang J，et al. Enhancing productivity on suburban dairy farms in China. Agricultural Economics，2010，37(1)：29-42.

[77] Murty S，Russell R R，Levkoff S B，et al. On modeling pollution-generating technologies[J]. Journal of Environmental Economics and Management，2012，64(1)：117-135.

[78] Mao W，Koo W W. Productivity growth，technological progress，and efficiency change in Chinese agriculture after rural economic reforms：a DEA approach. China Economic Review，1997，8(2)：157-174.

[79] Njuki E，Bravo-Ureta B E. The economic costs of environmental regulation in U. S. dairy farming：a directional distance function approach. American Journal of Agricultural Economics，2015，97(4)：1087.

[80] Olesen O B，Petersen N C. Stochastic data envelopment analysis—a review. European Journal of Operational Research，2016.

[81] Olesen O B，Petersen N C. Chance constrained efficiency evaluation. Management science，1995，41(3)，442-457.

[82] Rae A N，Ma H，Huang J，et al. Livestock in China：commodity-specific total factor productivity decomposition using new panel data. American Journal of Agricultural Economics，2006，88(3)，680-695.

[83] Reinhard S，Lovell C A，Thijssen G，et al. Econometric estimation of technical and environmental efficiency：an application to Dutch dairy farms. American Journal of Agricultural Economics，1999，81(1)：44-60.

[84] Romer P M. Increasing returns and long-run growth. Journal of Political Economy，1986，94(5)：1002-1037.

［85］ Ruttan V W. Productivity growth in world agriculture: sources and constraints. Journal of Economic Perspectives, 2002, 16(4): 161-184.

［86］ Sheng Y, Tian X, Qiao W, et al. Measuring agricultural total factor productivity in China: pattern and drivers over the period of 1978 - 2016. Australian Journal of Agricultural and Resource Economics, 2020, 64(1).

［87］ Shephard, R W. Theory of costs and production functions. Princeton, New Jersey: Princeton University Press, 1970.

［88］ Tone K. A slacks-based measure of super-efficiency in data envelopment analysis. European Journal of Operational Research, 2001, 143(1): 32-41.

［89］ Wang X, Yamauchi F, Huang J. Rising wages, mechanization, and the substitution between capital and labor: evidence from small scale farm system in China. Agricultural Economics, 2016, 47(3): 309-317.

［90］ Wang S L, Tuan F, Gale F, et al. China's regional agricultural productivity growth in 1985-2007: a multilateral comparisonl Agricultural Economics, 2013, 44(2):241-251.

［91］ Wen G J. Total factor productivity change in China's farming sector: 1952-1989. Economic Development and Cultural Change, 1993, 42(1): 1-41.

［92］ Wu X, Sickles R. Semiparametric estimation under shape constraints. Econometrics and statistics, 2018, 6, 74-89.

第十三章　未来研究热点展望

随着时代的变迁以及农业生产率研究的逐渐深入,人们在新的条件下继续推进农业技术进步和农业高质量发展,在此过程中面临着新的课题与挑战,相关研究中也涌现出一大批热点。本章围绕气候变化与气象灾害对农业生产的影响、传染病与重大公共卫生事件对农业发展的冲击、农业生产中的空间相关性与溢出效应、信息技术与数字经济对"三农"的作用等四个方面的热点话题,总结了现有研究的进展,探讨将新事物纳入生产率研究模型的方法,并尝试指出上述热点领域的研究方向。

一、气候变化与气象灾害

(一)气候变化

农业是最易受自然气候影响的经济部门,国内外许多学者特别关注气候变化对农业生产的影响。经济学基于理性人的假设,把农业生产的投入产出成本纳入考量,利用多年实际观测的气象数据和社会经济统计数据,考察气候变化对农业生产的影响,同时考虑人类的行为反应,从而增强了研究结论在社会经济运行方面的解释力。

在气候变化背景下农业生产力的度量方面,早期的文献使用土地价值和李嘉图模型(Ricardian Model)来分析气候变化的影响。Mendelsohn et al. (1994)率先使用李嘉图模型并利用美国县级横截面数据,通过回归气候变量、土壤质量和社会经济变量估计气候变化对农业的影响。李嘉图模型假设在竞争激烈的土地市场中,因气候变化而产生的农场利润的变化反映在土地价值上。该模型还发现,气候变化的影响因地区而异,气候变暖对寒冷地区的农业有利,但对温暖地区的农业不利。除了那些已经对农业过于湿润的地区,降水增多对所有地区都是有益的。

虽然李嘉图模型是预测气候变化对经济福利影响的一种实用工具，但其结果不能分解为对特定作物的影响，而且由于无法进行因果识别，它的整体可靠性受到了挑战。近年来，文献中关于气候变化对作物产量的影响，通常指的是单产（也可称为土地生产率）的影响。Wheeler and Braun（2013）利用农作物单产数据研究气候变化对全球粮食安全的影响，在气候变化背景下，由于供应的短期变化，整个粮食系统的稳定性可能受到威胁，而且气候变化很可能会加剧目前易受饥饿和营养不良影响地区的粮食危机，因此他们认为气候变化可能会阻碍实现无饥饿世界的进程。陈帅等（2016）基于1996—2009年中国县级层面农作物产量、灌溉、气象和社会经济数据，并结合不同地区农作物的生长周期，考察了气候变化对中国水稻和小麦生产的影响。研究发现，气温、降水和日照等气候变量对中国水稻和小麦单产的影响都存在"先增后减"的非线性关系，且存在最优拐点。Zhang et al.（2017）利用1980—2010年中国县级农业数据，探讨了除温度和降水之外的其他气候变量的重要性，研究发现，这些额外的气候变量，特别是湿度和风速，对作物生长至关重要，忽略湿度往往会高估气候变化对作物产量的影响，而忽略风速则可能会低估气候变化对作物产量的影响。

然而，单产并不是衡量农业生产的唯一标准。Ruttan（2002）指出农业生产率的比较研究已经从过去针对单要素生产率的衡量，转变到主要针对全要素生产率（TFP）的衡量。Hertel and de Lima（2020）对现有评估气候对农业和粮食系统影响的文献进行了批判性的评估，他们认为之前的研究很大程度上忽视了气候变化对农业的绝大多数潜在经济影响，必须将影响分析扩展到土地以外的投入，包括气候变化对劳动生产率以及购买中间投入等因素的影响。此外，气候变化对全要素生产率增长率的影响，以及对农业产出增长驱动机制的相关研究也在很大程度上被忽视了。虽然单要素生产率只考虑一种投入，相对易于计算，但另一方面，全要素生产率考虑了所有的投入，能够更好地衡量农业部门的技术进步和技术效率（Gong，2018；Gong，2020）。近年来，许多国内外学者开始聚焦于气候变化对农业全要素生产率的影响。

Chen and Gong（2021）将农业单产分解为衡量技术和效率的农业全要素生产率以及单位面积耕地上使用的劳动、化肥和农业机械等投入要素量，在理论上建立起了气候变化对农业生产的短期和长期影响机制，提出了七个理论假说。与已有文献相比，这项研究将研究对象拓展至全要素生产率，考察农业部门的技术与效率受气候变化的制约，因而丰富了对气候与农业生产关系的认识和理解。利用中国35年的县级面板数据，该研究评估了中国农业生产对气候变化的短期响应和长期适应情况。结果表明,在短期内,极端高温对中国农业全要素生产率和投入要素使用量存在负影响,因此对以单产衡量的农业产出产生更大的负影响。然而,长期适应性行为抵消了极端高温对全要素生产率的部分短期影响。此外,从长期来看,由于劳动力、化肥和机械等投入要素的调整更加灵活,气候适应在更大程度上减轻了农业产出的损失。

在现有研究中,将气候因素纳入生产率模型最常用的方法是两步法,即首先使用生产函数模型计算农业全要素生产率,然后建立解释变量包含气候要素的农业全要素生产率决定模型,从而考察气候因素对农业生产率的影响(Salim and Islam,2010;尹朝静等,2016;Aragón et al.,2021)。尹朝静等(2016)考察了气候变化与农业科研投入对农业全要素生产率增长的影响。研究发现,年降水量对农业全要素生产率增长的影响并不显著,气温升高对农业全要素生产率增长的影响具有显著的空间地域性差异特征。

除了两步法,还有学者将气候因素直接纳入农业生产率的分解中(Chambers and Pieralli,2020;Chambers et al.,2020)。与使用天气变化来解释在假定为非随机生产关系的情况下观察到的生产率变化相比,该方法将农业生产固有的随机性纳入生产率度量的构建中。Chambers and Pieralli(2020)使用增长核算法研究美国各州农业全要素生产率增长与气候之间的相互作用,在构建生产前沿的基础上将农业全要素生产率增长分解为四个组成部分:技术变化、前沿上与气候相关的变化、投入/规模效应和对前沿的适应性。实证结果表明,技术变迁和对前沿的适应性是决定国家农业全要素生产率的重要因素,而气候相关影响存在空间差异,在美国中西部地区尤为重要。Chambers et al.(2020)还使用了该方法研究澳大利亚千禧年干旱前后农业生产率增长放缓与气候因素之间的联系,分析表明,经济增长放缓的主要决定因素不是技术创新的放缓,而是与气候有关的技术进步扩散方式和速度的变化。

(二)气象灾害

近年来,在全球气候变化的背景下,气象灾害发生的频率和强度明显增强。中国幅员辽阔,国土跨越多个气候带,是世界上受气象灾害影响最严重的国家之一。1991—2009年,气象灾害在自然灾害中所占比例达70%,年均造成4000多人死亡,近4亿人受灾,近5000万公顷农作物受损。种类多、频率高、范围广是我国气象灾害的主要特点,每一次灾害的发生不仅不同程度地影响民众的日常生活,更是给社会生产和经济运行带来巨大损失。

农业部门是最易受自然气候影响的经济部门,大多数气象灾害都会对农作物的生长发育和产量产生不利影响,因此学术界对气象灾害与农业生产的关注度与日俱增。Lesk et al.(2016)量化了1964—2007年干旱、洪水和极端温度等极端气象灾害对全球作物生产的影响,研究表明,干旱主要造成收获面积的减小和产量的减少,而极端高温主要降低了谷物产量,但并未捕捉到洪水和极端低温的影响。Gould et al.(2020)聚焦于沿海洪水对英国农业的经济影响,在整合现有的洪水模型、卫星获取的作物数据、土壤盐分和作物特性等资料的基础上,评估了长期以来盐分对农业生产力的损害,研究表明,沿海地区的防洪政策需要考虑土壤盐分对农田的长期影响。

在气象灾害指标测算方面,国外文献中已有的度量方法可以归类为以下三种:第一,大多数国外研究使用的是基于EM-DAT数据库提供的各项灾害指标来量化灾害的强度或严重性,尤其是用于灾害国别比较的研究(Kahn,2005;Noy,2009;Cavallo et al.,2013;Fomby et al.,2013)。虽然EM-DAT数据库提供了关于自然灾害最全面和最具有国际可比性的数据,但仍存在一些缺陷。首先对于许多事件来说,死亡或受影响的人数或经济损失的数据都没有报告,而且很难核实这些数据是否缺失;其次大部分数据来自不同数据源,可能会出现度量错误或时间偏差;最后由于经济损失的数量可能与相应时期的增长率相关,因此EM-DAT报告的经济损失的估计可能是内生的(Loayza et al.,2012)。第二,针对上述问题,一些国外学者利用外生的地球物理或气象数据库量化灾害的强度(Felbermayr and Gröschl,2014;Elliott et al.,2019),比如利用台风风速和移动轨迹建立风场模型,进而捕捉研究区域相对于风暴的移动和特征所处的确切位置。第三,除了考察灾害的国别差异,还有一些国外文献利用本国政府部门更加精细的灾害资料,专注于分析灾害对本国经济活动的长期影响(Boustan et al.,2020)。国内研究对于气象灾害的度量大多使用权重赋值法构造灾害强度指数,即定义一种反映灾害强度大小的多面积加权百分数,在收集农作物受灾面积、成灾面积、绝收面积等数据的基础上,分别赋予相应的权重,进而形成灾害强度指数(龙方等,2011;顾西辉等,2016;赵映慧等,2017)。

在农业对于气象灾害的适应性上,国内外文献在宏观和微观两个层面呈现出不同的研究特点。一方面,宏观层面上的适应性研究侧重于对灾害的损失测算、风险管理和恢复力研究,其中一部分研究基于公共管理学视角,从理论上构建政策框架来探索适应气候变化与减少灾害风险的相关性(Schipper,2009;Bouwer,2011;Lei and Wang,2014;Aerts et al.,2018);还有一些研究聚焦于灾害恢复能力的度量以及灾害损失与适应成本的测算领域(Hinkel et al.,2014;Burton,2015;Bakkensen et al.,2017)。另一方面,微观层面上的适应性研究侧重于考察农户对气象灾害的适应性决策及其影响因素，或者分析农场管理和其他适应措施的有效性，绝大多数研究通常使用微观调研数据进行实证分析（Deressa et al.，2009；Wang et al.，2014；Huang et al.，2015）。

二、传染病与重大公共卫生事件

21世纪以来，非典（SARS）、甲型 H1N1 流感、埃博拉病毒（Ebola）等传染病的连续爆发引起了全世界对传染病疫情与重大公共卫生事件的关注，而新冠肺炎疫情（COVID-19）在全球范围内的肆虐更是造成了重大的生命健康和经济社会损失。传染病疫情是一场健康危机，它也可能成为一场经济危机，给各个经济部门带来严重的经济损失。作为各经济部门中与人类生命健康直接相关的部门，农业部门受传染病疫情的影响尤为关键。近年来，许多研究聚焦于重大公共卫生事件对农业生产力的影响，例如 2003 年非典（Lee and McKibbin，2004；Agusto，2013；Matthee et al.，2018）、2009 年甲型 H1N1 流感（Keogh-Brown et al.，2010），以及 2020 年新冠肺炎疫情（Duan et al.，2020）。上述研究表明，传染病疫情可能通过改变投入要素的利用率（Smith et al.，2009；Dixon et al.，2010）和生产率（Agusto，2013；Matthee et al.，2018）导致农业产值和 GDP 的损失（Keogh-Brown et al.，2010；Duan et al.，2020）。

从宏观角度来看，随着病毒的传播、病例的增加和措施的收紧，全球粮食系统尤其是欠发达地区以及粮食高度依赖进口的地区将面临严峻的考验和较大的压力，进而提高食物安全危机的风险（Gong et al.，2020）。一方面，就国内而言，Zhang et al.（2020）探讨了传染病疫情对农业生产直接和间接的影响机制，考虑到病毒的传染性，通过在增长核算框架中引入空间动态模型，评估传染病的直接和间接影响，并确定疫情影响农业的渠道。此外，除了对投入组合和生产率的影响，该研究还分析了传染病是否会通过恐慌效应和防控措施重塑农业生产过程。研究结果显示，一个省的传染病发病率对该省农业生产率存在负面影响，但投入要素（土地、化肥、机械）的增加可以弥补效率损失，因此其直接影响并不显著。然而，这种"通过加大投入来弥补效率损失"的影响机制并没有辐射到周边省份，因此出现了显著的负向溢出效应。预计在不同情景下，新冠肺炎疫情将使 2020 年中国农业增长率下降 0.4%～2.0%，总体影响可控。另一方面，考虑国际农产品市场和贸易，司伟等（2020）发现短期内中国食物与营养相对安全，但需要警惕新冠肺炎疫情对中长期食物安全的影响。陈志钢等（2020）认为面对全球性传染病疫情，食物安全不再是一个区域性问题，而是一个需要各国共同应对的全球性问题，因此既要确保国内食物供应链的正常运行，同时还应该保持贸易开放，并利用和创新电子商务保障食物供应。程国强和朱满德（2020）认为新冠肺炎疫情对后期全球粮食生产与贸易的影响将进一步加大，全球粮食市场波动有可能进一步升级。

从微观角度来看，传染病疫情从食品供应链的各环节影响农业部门。食品供应链是一个复杂的相互作用的网络，参与者包括生产者、投入品、运输、加工厂等。第一，传染病疫情对农业生产的最直接影响在于劳动力短缺。联合国粮农组织估计，自 1985 年以来，在非洲 25 个受艾滋病影响最严重的国家中，约有700 万农业工人死于艾滋病，到 2020 年，可能还会有 1600 万人死于艾滋病。受影响最严重的非洲国家可能在几十年内将失去多达 26% 的农业劳动力（Michiels，2001），而农业在这些国家国内生产总值中仍占很大比例，这种劳动力的损失可能对这些国家经济产生严重影响（Mtika，2007；Mutangadura and Sandkjaer，2009）。除了生病与死亡，其他家庭成员还会把生产性时间用于照顾病人，传统的哀悼习俗对一些家庭成员来说可能持续长达 40 天（Michiels，2001）。对于未感染者，由于潜在的病毒传播风险和隔离限制措施，传染病疫情还会带来旷工和生产力下降等问题（Mann et al.，2015；Stanturf et al.，2015）。农场和家务劳动的严重短缺使得农户缩减耕种面积（Yamano and Jayne，2004），推迟耕作，减少种植和除草等耕作作业，导致作物产量下降，土壤肥力丧失。为应对劳动力短缺，农户还会将种植结构从劳动密集型转移到低劳动密集型。蒋和平等（2020）提出加快推进农业劳动力复产复工是在新冠肺炎疫情防控背景下推动我国农业发展的重要举措。

第二，物流和供应链中断可能会影响农业生产。一方面，农民难以及时获取化肥、种子、农机等其他农业生产资料（Sumo，2019）。2014 年埃博拉疫情打乱了农业市场的供应链，由于采取了隔离和物流限制等措施控制疫情，农资获取十分困难，加上严重的劳动力短缺，导致疫情爆发期间超过 40% 的农用土地无人耕种。埃博拉疫情爆发分别使 2014 年利比里亚、塞拉利昂和几内亚三国水稻生产量下降了 11.6%、8% 和 3.7%（FAO，2016）。收割队伍的锐减导致加纳的水稻产量相较于 2013 年下降了 20%，咖啡产量更是下降了 50%（World Bank，2015）。钟钰等（2020）通过线上调查发现，新冠肺炎疫情持续会带来农资价格上涨、物资到位迟缓等问题。另一方面，交通限制和运费上涨可能阻碍农民生产的农产品进入市场，给以农业为主要收入来源的家庭带来重大的收入损失。埃博拉疫情期间，为防止疫情扩散采取的措施（例如限制集体运输、关闭市场和边界等)影响了水稻境内和跨境贸易流动,贸易商不愿到疫区收购水稻,使得生产者议价能力降低,收购价格降低,极大地影响了农民的收入水平(FAO,2016)。特别是对于欠发达国家和地区,收入损失可能会直接引发贫困危机。Mather et al.(2005)根据非洲五个国家的农户调查数据,发现户主或配偶因感染艾滋病死亡的家庭收入更低,更容易陷入贫困。Ardington et al.(2014)利用南非的数据发现在感染艾滋病的家庭成员死亡后,该家庭可能会变得更穷。叶兴庆等(2020)综合考虑新冠肺炎疫情对各项收入来源的影响,预测 2020 年农村居民人均可支配收入名义增长速度可能将下降 2.59 至 3.59 个百分点。

第三,动物性传染病疫情可能会给饲养业生产带来更大的冲击。从 H5N1 禽流感到 H1N1 流感大流行,许多突发传染病通常是经过猪、鸡、马等动物中间宿主传播到人体,因此疫情爆发可能对相关畜牧业产生较大冲击(禁养、扑杀等)。此外,消费者对相关产品会产生天然的恐慌情绪,因此可能会导致短期内相关产品需求的大幅下降,对相关产业和农产品国际贸易产生较大冲击。控制动物性疫情的经济成本包括由于这种疾病造成的畜类损失所带来的直接成本,以及相应疫情控制措施所带来的间接成本。其影响不仅波及农民,而且扩大到上游和下游部门,如饲料厂、养殖场等。H5N1 禽流感疫情后,越南家禽产量下降了 15% 左右,经济损失约占 GDP 的 0.1%(Brahmbhatt,2005)。H1N1 病毒最初被命名为"猪流感病毒",这使得消费者对猪肉与病毒产生负面联系。尽管 WHO 后来将该病的名称从"猪流感(Swine Flu)"改为"2009H1N1",但由于媒体仍然使用"猪流感"进行报道,这对瘦猪期货价格造成了负面影响,导致 2009 年 4 月至 9 月的市场收入损失约 2 亿美元(Attavanich et al,2011)。Gong et al.(2021)利用 2002—2017 年中国 24 种主要农产品的省级面板数据进行实证研究,发现动物源性传染病对几乎所有的农产品都有不利影响,而畜产品的平均受害程度超过农作物,而且动物源性传染病主要通过对全要素生产率(TFP)的不利冲击来影响各种农畜产品。虽然少数作物可以通过增加投入来抵消部分全要素生产率损失,但大多数农产品同时遭受投入减少和全要素生产率损失。此外,Gong et al.(2021)还预测了 COVID-19 在三种不同情景下中国农业产出受到的潜在干扰,结果显示新冠肺炎疫情的蔓延预计将使 2020 年中国畜牧业增速下降 1.3%～2.6%,畜产品全要素生产率增速下降 1.4%～2.7%。

三、空间相关性与溢出效应

近年来，随着空间计量经济学的兴起，开始有学者将空间计量方法引入生产函数和生产率研究中，旨在探究农业生产中地区间的相互影响和相互作用。吴玉鸣(2010)指出，随着中国的农业市场体系逐渐完善，农业投入要素和产出的跨区域流动性越来越大，因此有必要利用空间计量经济模型考虑农业生产的空间效应。该项研究构建了区域农业生产函数的空间滞后模型[①]（Spatial Lag Model，SLM）和空间误差模型（Spatial Error Model，SEM），其中基于各省（区、市）间的地理距离构建了空间权重矩阵，以此衡量各省（区、市）农业生产中相关性的强弱。利用 2008 年中国 31 个省（区、市）的截面数据，该研究证实了中国农业产出存在明显的空间依赖性，有必要使用空间计量模型识别这种空间效应。同时，在制定相关产业政策时，需要考虑到农业生产的空间相关性。

龚斌磊和张书睿(2019)同样利用空间计量模型构建农业生产函数。与吴玉鸣(2010)相比，龚斌磊和张书睿(2019)利用了 1995—2015 年中国 31 个省（区、市）的农业面板数据而非截面数据，且在空间计量模型上使用了将空间滞后模型和空间误差模型进行结合的一般空间模型（General Spatial Model，GSM），从而同时控制了不同省份在产出和误差项上的相关性。更重要的是，在空间权重矩阵的构建方面，除了利用距离的倒数来度量各省（区、市）间的相关度，从而建立地理权重矩阵外，还利用各省（区、市）农业产业结构的相似度构建产业权重矩阵，这是因为任意两省（区、市）的相关性，与两省（区、市）间地理相关程度和产业相关程度均关系密切，如果两省（区、市）都以种植同种作物为主，则两省（区、市）从投入到产出都将进行全方位的竞争，因此较高的产业相似度会造成较强的相互作用。最后，若只使用地理权重矩阵或产业权重矩阵，仅仅考虑单一维度的相关性，则无法全面综合考虑地理和产业双维度下的投入产出关系。因此该研究利用刀切模型平均法，赋予两个空间生产模型相应的权重，而总体空间效应就是地理空间效应和产业空间效应的加权平均值。

龚斌磊(2019)利用 1962—2016 年全球 107 个国家的农业面板数据，构建全球农业空间生产模型，实证研究国家间农业生产的空间相关性，并在此框架下探索中国与"一带一路"沿线国家农业合作的实现途径。任意两国的相关性，与两

---

① 空间滞后模型也被称为空间自回归模型（Spatial Autoregressive Model，SAR）。

国之间经济交往的密切程度有关,可以用双边贸易额来衡量。与地理距离相比,经济距离能够解释相距较远但经济来往密切的国家间的相关性。例如,中美两国相距甚远,但两国贸易和经济交流密切,因此两国的相互影响较大。这项研究同样利用刀切模型平均法,同时考虑地理权重矩阵和贸易权重矩阵,从而测算总体空间效应。结果表明,中国与"一带一路"沿线国家间的双向溢出效应均为正,且均明显高于世界平均水平,因此双方均有优先与对方开展农业合作的动机,这证明了"一带一路"倡议的科学性和前瞻性。

四、信息技术与数字经济

2019 年《政府工作报告》提出要"深化大数据、人工智能等研发应用,培育新一代信息技术、高端装备、生物医药、新能源汽车、新材料等新兴产业集群,壮大数字经济",数字经济的发展已经成为中国经济转型中的重要战略。随着数字经济发展的不断升温,战略意义的逐渐凸显,国内外对数字经济的研究不断丰富。

研究数字经济对农业、农村、农民的影响的文献是发展经济学和农业经济学迅速兴起的一支文献,是研究信息化对农业、农村、农民影响文献的一大分支。该类文献核心的关注点从早期的电话或手机等通信设备的持有,逐渐向网络信号的有无(3G 和 4G)和电子商务下乡转移。本节主要综述研究数字经济(更广义的被称为"信息化",下同)对区域农业发展的影响,以及数字经济对农民生产、收入等福利方面的影响的文献。

1. 数字经济对区域农业生产率的影响

关于数字经济对区域农业发展影响的研究以农业省级面板数据为基础,衡量信息化的指标以"农村居民家庭每百户电话机拥有量"等可获性较强的指标为代表。这一领域的代表性研究是韩海彬和张莉(2015)发表在《中国农村经济》上的《农业信息化对农业全要素生产率增长的门槛效应分析》,其中核心的农业信息化指标是由农村居民家庭每百户电话机拥有量(部)、农村居民家庭每百户黑白电视机拥有量(部)、农村居民家庭每百户彩色电视机拥有量(部)以及农村投递路线总长度(公里)的加权构成,在省级层面探讨了信息化对农业全要素生产率的影响,文中的主要结论是信息化对农业全要素生产率的影响呈现非线性,只有当农村人力资本水平达到一定程度之后,信息化才对农业全要素生产率产生正向影响。然而,这一研究存在两方面的主要问题:一是在指标的构建上具有一定的主观性，且这些指标难以反映近年来的数字经济和农村信息化程度的发展；二是与研究整体经济类似，数字经济与区域农业增长之间存在内生关系，但该研究并没有在实证上予以讨论。总体而言，研究数字经济对省域或县域农业发展的影响仍然会受到数据和内生性两大问题的掣肘。以上两点原因也导致这一领域的研究越来越多地转入微观层面。

2. 数字经济对微观主体的福利影响

与研究区域整体经济增长或区域农业增长相比，将研究对象转移到微观主体的最大优势在于很大程度上避免了反向因果关系。因为农户个体并不能决定所在村或县在网络信号接通、电商下乡设点的时间，因此基于微观主体的福利研究数字经济的影响是目前这一领域的主流做法。

早期的研究主要关注信息技术对农产品销售的影响。信息技术有助于减少农户在市场销售中的信息不对称，提高农户的农产品销售价格，从而达到提高农民收入、降低贫困发生率的作用。这一领域最具有代表性的是 Jensen（2007）发表在 *Quarterly Journal of Economics* 上的文章。该研究以印度南部沿海的渔业地区为主，利用不同村庄移动通信网络站点搭建的时间差异，通过双重差分的方法研究了移动通信的普及对当地价格波动、生产者利润和消费者福利的影响。与这一研究的思路类似，Aker（2010）利用尼日利亚村庄通信电缆铺设的时间差异，研究了移动通信普及对尼日利亚小米市场价格波动的影响。随着随机对照试验（Randomized Controlled Trial，RCT）在应用微观计量研究中的热度不断升高，以村为单位通过给予实验组（treatment group）一些手机上的价格信息，运用 RCT 实验研究信息提供对农户销售行为影响的研究开始出现，如 Courtois and Subervie（2015）。

研究信息与通信技术（Information and Communications Technology，ICT）对中国"三农"问题的影响主要从两个方面着手：一是研究以移动电话使用、互联网信号接入为代表的 ICT 技术对农业生产、农民收入、农村转型等方面的影响；二是将研究问题聚焦于中国蓬勃发展的农村电子商务。朱秋博等（2019）研究了 ICT 技术对农业生产率的影响。该研究采用手机信号、互联网和移动网络的接通度量信息化程度，利用农业部固定观察点的长面板微观数据，运用 DID 分析了信息化对农户农业全要素生产率的影响。研究结果表明，信息化发展对农户农业全要素生产率具有促进作用，这种作用主要来源于农业技术效率的提高，但这种提高受农村人力资本的制约明显。Ma and Wang（2020）利用农户层面的数据，运用内生转换模型实证研究了互联网使用对农户技术采纳的影响。研究结果表明，互联网使用对促进农户采纳可持续发展农业技术起到了积极作用。Min et al.(2000)利用农户层面的三期面板数据,运用内生转换模型考察了移动电话使用对农村转型的影响。结果表明,移动电话的使用促进了农户非粮作物种植的增加和种植专业化程度的提高。此外,基于村级互联网连接对于农户个体而言外生这一条件,苏岚岚和孔荣(2020)探究了互联网接入对农村居民创业的影响机制;张景娜和张雪凯(2020)则主要聚焦于互联网使用对土地流转的影响;Ma and Wang(2020)探究了移动互联网使用对农户幸福感的影响。

随着电子商务的兴起,另一支主流文献聚焦于电子商务对农民生产和收入的影响。Couture et al.(2018)利用中国淘宝村的建立的大规模 RCT,实证检验了淘宝村建立对农村居民各项福利的影响。研究结果发现,以淘宝村为代表的电子商务引进并没有对农民的农业生产活动产生显著影响,而是在农村内部出现了显著的数字鸿沟,主要表现为提高了一小部分农民群体(受教育程度较高的群体、年轻群体)的消费者福利。从机制检验的结果来看,淘宝村建设的作用机制主要通过物流系统的完善实现。其余关于电子商务的研究在数据上与Couture et al.(2018)有所不同,更多的是以某一个县为案例进行研究,可能的缺陷是在样本的代表性上存在一定的不足,且由于数据类型以截面为主,难以通过较好的识别策略提供可信度较高的研究,但可以利用对一个地区长期定点观察的方式,进行深入的案例剖析。

综上所述,未来研究的方向可能更多的还是从数字经济对经济增长和微观主体的福利影响入手。从农业经济学的角度出发,数字经济的影响研究主要可以从以下两个方面着手:一是如何通过数字经济实现小农户和现代农业技术的有机衔接;二是如何通过数字经济实现小农户和大市场的连接。前者强调数字经济对农业技术采纳和农业技术进步率的影响大小和机制,对实现农业的可持续增长具有重要意义。后者更强调数字经济对农产品销售的影响,有助于实现农民增收的政策目标。

对于农业技术经济研究而言,未来可能的研究方向主要包括(但不限于)以下几个维度:一是数字经济如何影响农业技术采纳?影响了哪一类农业技术采纳?影响的具体机制是通过提高预期收益还是降低技术采纳风险?二是数字经济如何影响农业技术进步率?影响了哪一部分群体的农业技术进步率?影响的具体机制是通过新技术采纳还是加速要素替代?三是数字经济是否会带来农业技术进步层面的数字鸿沟现象,具体而言,数字经济是扩大还是缩小了不同群体新技术采纳率和农业技术进步率?无论是在理论层面还是在实证层面,数字经济对农业技术进步的影响研究都有广阔的拓展空间。

目前,研究数字经济对农业农村影响的最大限制是数据的缺失。未来想要进一步丰富该领域的成果,需要在宏观和微观指标体系构建与数据收集方面进行作战。宏观层面,农业农村部市场与信息化司和农业农村部信息中心已经构建了全国县域数字农业农村发展水平评价指标体系,并联合发布了全国县域数字农业农村发展水平评价报告。从公布的报告看,信息化管理服务机构覆盖率、信息化建设财政投入、信息化建设社会资本投入、农业生产数字化水平、农产品网络零售额占农产品交易总额的比重、农产品质量安全追溯信息化水平、行政村电子商务站点覆盖率、应用信息技术实现行政村"三务"综合公开水平、县域政务服务在线办事率等指标是衡量农业农村数字化水平的重要变量。这些数据的科学采集和适度公开,将保证相关研究的顺利开展。微观层面,一方面需要将以淘宝、拼多多等为代表的电商平台的大数据与应用微观计量方法结合,如随机对照试验、双重差分法等;另一方面需要建立起长期追踪的微观数据库,由此深入分析数字经济对农业、农村农民的短期和长期影响。

参考文献

[1] 陈帅,徐晋涛,张海鹏. 气候变化对中国粮食生产的影响——基于县级面板数据的实证分析. 中国农村经济,2016(5):2-15.

[2] 陈志钢,詹悦,张玉梅,等. 新冠肺炎疫情对全球食物安全的影响及对策. 中国农村经济,2020(5):2-12.

[3] 程国强,朱满德. 新冠肺炎疫情冲击粮食安全:趋势、影响与应对. 中国农村经济,2020(5):13-20.

[4] 龚斌磊. 中国与"一带一路"国家农业合作实现途径. 中国农村经济,2019(10):114-129

[5] 龚斌磊,张书睿. 省际竞争对中国农业的影响. 浙江大学学报(人文社会科学版),2019(2):15-32.

[6] 顾西辉,张强,张生. 1961—2010年中国农业洪旱灾害时空特征、成因及影响. 地理科学,2016,36(3):439-447.

[7] 韩海彬,张莉. 农业信息化对农业全要素生产率增长的门槛效应分析. 中国农村经济,2015(8):11-21.

[8] 蒋和平,杨东群,郭超然. 新冠肺炎疫情对我国农业发展的影响与应对举措. 改革,2020(3):5-13.

[9] 龙方,杨重玉,彭澧丽. 自然灾害对中国粮食产量影响的实证分析——以稻谷为例. 中国农村经济,2011(5):33-44.

［10］司伟，张玉梅，樊胜根. 从全球视角分析在新冠肺炎疫情下如何保障食物和营养安全. 农业经济问题，2020(3)：11-16.

［11］苏岚岚，孔荣. 互联网使用促进农户创业增益了吗？——基于内生转换回归模型的实证分析. 中国农村经济，2020(2)：62-80.

［12］吴玉鸣. 中国区域农业生产要素的投入产出弹性测算——基于空间计量经济模型的实证. 中国农村经济. 2010(6)：25-37.

［13］叶兴庆，程郁，周群力，等. 新冠肺炎疫情对2020年农业农村发展的影响评估与应对建议. 农业经济问题，2020(3)：4-10.

［14］尹朝静，李谷成，范丽霞，等. 气候变化、科技存量与农业生产率增长. 中国农村经济，2016(5)：16-28.

［15］张景娜，张雪凯. 互联网使用对农地转出决策的影响及机制研究——来自CFPS的微观证据. 中国农村经济，2020(3)：57-77.

［16］赵映慧，郭晶鹏，毛克彪，等. 1949—2015年中国典型自然灾害及粮食灾损特征. 地理学报，2017，72(7)：1261-1276.

［17］钟钰，普蓂喆，刘明月，等. 新冠肺炎疫情对我国粮食安全的影响分析及稳定产量的建议. 农业经济问题，2020(4)：13-22.

［18］朱秋博，白军飞，彭超，等. 信息化提升了农业生产率吗？中国农村经济，2019(4)：22-40.

［19］Aerts J C J H，Botzen W J，Clarke K C，et al. Integrating human behaviour dynamics into flood disaster risk assessment. Nature Climate Change，2018，8(3)：193-199.

［20］Agusto F B. Optimal isolation control strategies and cost-effectiveness analysis of a two-strain avian influenza model. Bio Systems，2013，113(3)：155-164.

［21］Aker J C. Information from markets near and far：mobile phones and agricultural markets in niger. American Economic Journal：Applied Economics，2010，2(3)：46-59.

［22］Aragón F M，Oteiza F，Rud J P. Climate change and agriculture：subsistence farmers' response to extreme heat. American Economic Journal：Economic Policy，2021，forthcoming.

［23］Ardington C，Bärnighausen T，Case A，et al. The economic consequences of AIDS mortality in South Africa. Journal of Development Economics，2014(111)：48-60.

［24］ Attavanich W，McCarl B A，Bessler D. The effect of H1N1（Swine Flu）media coverage on agricultural commodity market. Applied Economic Perspectives and Policy，2011，33（2）：241-259.

［25］ Bakkensen L A，Fox-Lent C，Read L K，et al. Validating resilience and vulnerability indices in the context of natural disasters. Risk Analysis，2017，37（5）：982-1004.

［26］ Boustan L P，Kahn M E，Rhode P W，et al. The effect of natural disasters on economic activity in US counties：a century of data. Journal of Urban Economics，2020（118）：103257.

［27］ Bouwer L M. Have disaster losses increased due to anthropogenic climate change? Bulletin of the American Meteorological Society，2011，92（1）：39-46.

［28］ Brahmbhatt M. Avian and human pandemic influenza-economic and social impacts. Washington，DC：World Bank，2005.

［29］ Burton C G. A validation of metrics for community resilience to natural hazards and disasters using the recovery from Hurricane Katrina as a case study. Annals of the Association of American Geographers，2015，105（1）：67-86.

［30］ Cavallo E，Galiani S，Noy I，et al. Catastrophic natural disasters and economic growth. Review of Economics and Statistics，2013，95（5）：1549-1561.

［31］ Chambers R G，Pieralli S，Sheng Y. The millennium droughts and Australian agricultural productivity performance：a nonparametric analysis. American Journal of Agricultural Economics，2020，102（5）：1383-1403.

［32］ Chambers R G，Pieralli S. The sources of measured US agricultural productivity growth：weather，technological change，and adaptation. American Journal of Agricultural Economics，2020，102（4）：1198-1226.

［33］ Chen S，Gong B. Response and adaptation of agriculture to climate change：evidence from China. Journal of Development Economics，2021（148）：102557.

［34］ Courtois P，Subervie J. Farmer bargaining power and market information services. American Journal of Agricultural Economics，

2015，97（3）：953-977.

［35］Couture V，Faber B，Gu Y，et al. Connecting the countryside via E-commerce：evidence from China. National Bureau of Economic Research，2018.

［36］Deressa T T，Hassan R M，Ringler C，et al. Determinants of farmers' choice of adaptation methods to climate change in the Nile Basin of Ethiopia. Global Environmental Change，2009，19（2）：248-255.

［37］Dixon P B，Lee B，Muehlenbeck T，et al. Effects on the U.S. of an H1N1 epidemic：analysis with a quarterly CGE model. Journal of Homeland Security and Emergency Management，2010，7（1）：1-19.

［38］Duan H，Wang S，Yang C. Coronavirus：limit short-term economic damage. Nature，2020，578（7796）：515.

［39］Elliott R J R，Liu Y，Strobl E，et al. Estimating the direct and indirect impact of typhoons on plant performance：evidence from Chinese manufacturers. Journal of Environmental Economics and Management，2019（98）：102252.

［40］FAO. Impact of the Ebola Virus Disease outbreak on market chains and trade of agricultural products in West Africa，Dakar. Food and Agriculture Organization，2016.

［41］Felbermayr G，Gröschl J. Naturally negative：the growth effects of natural disasters. Journal of Development Economics，2014（111）：92-106.

［42］Fomby T，Ikeda Y，Loayza N V. The growth aftermath of natural disasters. Journal of Applied Econometrics，2013，28（3）：412-434.

［43］Gong B. Agricultural reforms and production in China：changes in provincial production function and productivity in 1978—2015. Journal of Development Economics，2018（132）：18-31.

［44］Gong B. New growth accounting. American Journal of Agricultural Economics，2020，102（2）：641-661.

［45］Gong B，Zhang S，Yuan L，et al. A balance act：minimizing economic loss while controlling novel coronavirus pneumonia. Journal of Chinese Governance，2020，5（2）：249-268.

［46］Gong B，Zhang S，Liu X，et al. The Zoonotic diseases，agricultural production, and impact channels: evidence from China. Global Food Security, 2021(28): 100463.

[47] Gould I J, Wright I, Collison M, et al. The impact of coastal flooding on agriculture: a case-study of Lincolnshire, United Kingdom. Land Degradation & Development, 2020(31): 1545-1559.

[48] Hertel T W, de Lima C Z. Climate impacts on agriculture: searching for keys under the streetlight. Food Policy, 2020(95): 101954.

[49] Hinkel J, Lincke D, Vafeidis A T, et al. Coastal flood damage and adaptation costs under 21st century sea-level rise. Proceedings of the National Academy of Sciences, 2014, 111(9): 3292-3297.

[50] Huang J, Wang Y, Wang J. Farmers'adaptation to extreme weather events through farm management and its impacts on the mean and risk of rice yield in China. American Journal of Agricultural Economics, 2015, 97(2): 602-617.

[51] Jensen R T. The digital provide: information (technology), market performance, and welfare in the south Indian fisheries sector. Quarterly Journal of Economics, 2007, 122(3): 879-924.

[52] Kahn M E. The death toll from natural disasters: the role of income, geography, and institutions. Review of Economics and Statistics, 2005, 87(2): 271-284.

[53] Keogh-Brown M R, Smith R D, Edmunds J W, et al. The macroeconomic impact of pandemic influenza: Estimates from models of the United Kingdom, France, Belgium and The Netherlands. The European Journal of Health Economics, 2010, 11(6): 543-554.

[54] Lee J W, McKibbin W J. Globalization and disease: the case of SARS. Asian Economic Papers, 2004, 3(1): 113-131.

[55] Lei Y, Wang J. A preliminary discussion on the opportunities and challenges of linking climate change adaptation with disaster risk reduction. Natural Hazards, 2014, 71(3): 1587-1597.

[56] Lesk C, Rowhani P, Ramankutty N. Influence of extreme weather disasters on global crop production. Nature, 2016, 529(7584): 84-87.

[57] Loayza N V, Olaberria E, Rigolini J, et al. Natural disasters and growth: going beyond the averages. World Development, 2012, 40(7):

1317-1336.

[58] Ma W, Wang X. Internet use, sustainable agricultural practices and rural incomes: evidence from China. Australian Journal of Agricultural and Resource Economics, 2020, 64(4): 1087-1112.

[59] Mann E, Streng S, Bergeron J, et al. A review of the role of food and the food system in the transmission and spread of Ebolavirus. PLoS Neglected Tropical Diseases, 2015, 9(12): e0004160.

[60] Mather D, Donovan C, Jayne T S, et al. Using empirical information in the era of HIV/AIDS to inform mitigation and rural development strategies: selected results from African country studies. American Journal of Agricultural Economics, 2005, 87(5): 1289-1297.

[61] Matthee M, Rankin N, Webb T, et al. Understanding manufactured exporters at the firm-level: new insights from using SARS administrative data. South African Journal of Economics, 2018(86): 96-119.

[62] Mendelsohn R, Nordhaus W D, Shaw D. The impact of global warming on agriculture: a Ricardian analysis. American Economic Review, 1994 (84): 753-771.

[63] Michiels S I. Strategic approaches to HIV prevention and AIDS mitigation in rural communities and households in Sub-Saharan Africa. Rome: Food and Agriculture Organization, 2001.

[64] Min S, Liu M, Huang J. Does the application of ICTs facilitate rural economic transformation in China? Empirical evidence from the use of smartphones among farmers. Journal of Asian Economics, 2000 (70): 101219.

[65] Mtika M M. Political economy, labor migration, and the AIDS epidemic in rural Malawi. Social Science & Medicine, 2007, 64(12): 2454-2463.

[66] Mutangadura G B, Sandkjaer B. Mitigating the impact of HIV and AIDS on rural livelihoods in Southern Africa. Development in Practice, 2009, 19(2): 214-226.

[67] Noy I. The macroeconomic consequences of disasters. Journal of Development Economics, 2009, 88(2): 221-231.

［68］Ruttan V W. Productivity growth in world agriculture：sources and constraints. Journal of Economic Perspectives，2002，16(4)：161-184.

［69］Salim R A，Islam N. Exploring the impact of R&D and climate change on agricultural productivity growth：the case of Western Australia. Australian Journal of Agricultural and Resource Economics，2010(54)：561-582.

［70］Schipper E L F. Meeting at the crossroads? Exploring the linkages between climate change adaptation and disaster risk reduction. Climate and Development，2009，1(1)：16-30.

［71］Smith R D，Keogh-Brown M R，Barnett T，et al. The economy-wide impact of pandemic influenza on the UK：a computable general equilibrium modelling experiment. BMJ (Clinical research ed.)，2009 (339)：b4571.

［72］Stanturf J A，Goodrick S L，Warren M L，et al. Social vulnerability and Ebola virus disease in rural Liberia. PloS One，2015，10 (9)：e0137208.

［73］Sumo P D. Impacts of Ebola on supply chains in MRB countries. International Journal of Research in Business and Social Science，2019，8(3)：122-139.

［74］Wang Y，Huang J，Wang J. Household and community assets and farmers' adaptation to extreme weather event：the case of drought in China. Journal of Integrative Agriculture，2014，13(4)：687-697.

［75］Wheeler T，Von Braun J. Climate change impacts on global food security. Science，2013，341(6145)：508-513.

［76］World Bank. The economic impact of Ebola on Sub-Saharan Africa：updated estimates for 2015. Washington，DC：World Bank，2015.

［77］Yamano T，Jayne T S. Measuring the impacts of working-age adult mortality on small-scale farm households in Kenya. World Development，2004，32(1)：91-119.

［78］Zhang P，Zhang J，Chen M. Economic impacts of climate change on agriculture：the importance of additional climatic variables other than temperature and precipitation. Journal of Environmental Economics and Management，2017(83)：8-31.

［79］Zhang S，Wang S，Yuan L，et al. The impact of epidemics on agricultural production and forecast of COVID-19. China Agricultural Economic Review，2020，12(3)：409-425.

第十四章　总　结

一、理论基础

本书第一部分用两个章节介绍农业技术进步的经济学理论基础。第二章介绍从经济思想史到现代经济理论中研究宏观经济增长和技术进步的思想和理论，这部分理论（特别是现代经济体系的经济增长理论）主要以构建数理模型、得到动态方程和求解均衡的增长率为主，侧重逻辑上的演绎和数理上的推导，并成为后来测算农业技术进步的重要理论依据。第三章基于结构和发展的视角，聚焦整体经济中的农业部门，重点介绍关于农业技术进步的方向、农业技术进步的收入分配以及传统农业转型的四种相关理论。在关注这些理论本身的同时，第三章还介绍了理论的后续发展和实证应用。

最早的经济增长思想萌芽于 15 世纪后期。随着工商业的逐渐兴起和社会生产力的发展，封建制度开始瓦解，资本主义生产制度成为当时社会主要的生产方式。财富积累问题得到了当时重商主义学者的关注，而财富积累的本质就是经济增长。但是重商主义将贵金属（货币）当作衡量财富的唯一标准，因此具有很强的局限性。古典学派代表人物亚当·斯密对重商主义学说的观点进行了批判和反驳，同时他也吸收了重农主义学说等其他思想，从国民财富的源泉——劳动、增进劳动生产率的手段——分工等微观问题入手，描述了国民经济的运动过程。作为最早对增长问题进行系统分析的学者，斯密的总量分析成为研究增长问题的基本传统，为后世以生产函数为研究起点的增长理论奠定了思想基础。然而，关于经济增长和劳动分工问题的分析在斯密之后逐渐式微。后继者马尔萨斯对经济增长持悲观态度，他认为"人口指数无限大于地球为人类生产物质的指数"，大多数人注定要在饥饿和贫困中生活。大卫·李嘉图虽然继承并修正了斯密的主要思想，但他将研究中心转向收入分配问题，建立了以分配论为核心的理论体系,使经济学研究从几乎关注经济增长问题转向关注不同时期收入分配变化的问题。19世纪70年代,随着边际主义的兴起和新古典经济学的发展,学者们的关注点逐渐远离了增长和动态分析,对微观和比较静态分析产生了浓厚兴趣。19世纪中叶,随着西方国家大工业的发展和雇佣工人阶级日益壮大,社会化生产方式和所有制之间的矛盾凸显。马克思和恩格斯注意到了资本家与劳动者的经济冲突问题,他们"批判地继承"了古典经济学和空想社会主义的研究成果,收集和研究了关于社会经济发展历史的大量文献和资料,深入地分析了社会的经济结构,并阐述了它的运动过程。20世纪上半叶的经济学家很少涉及增长,约瑟夫·熊彼特是其中为数不多的提出创新促进经济增长关系的学者,他的创造性毁灭(Creative Destruction)和商业周期(Business Cycle)等概念影响了后来的大批经济学家。

现代经济增长理论开端于哈罗德和多马,受到凯恩斯《就业、利息和货币通论》的影响,哈罗德和多马先后于1939年和1946年各自发表了论文,两位学者分别独立推演出极为相似的经济增长模型,学术界习惯上将上述两位学者提出的模型合称为"哈罗德-多马模型",现代经济增长理论的初始框架由此奠定。20世纪50年代,索洛和斯旺在总量分析的框架下利用完全竞争的生产者理论,对哈罗德-多马模型进行改进,将技术进步率这一外生变量引入模型,奠定了新古典增长理论的基础。除此之外,索洛还开创了增长核算方程,引发了这一领域的实证热潮。然而新古典增长模型也存在着种种缺陷,其中备受诟病的是它假定边际收益递减,将经济增长的动力归结于外生的技术因素,而不去探讨技术进步产生的原因和各国技术进步率的差别。新古典增长模型的缺陷引发了学者们对经济增长引擎的进一步探索。20世纪80年代,以罗默、卢卡斯为代表的内生增长理论在探讨经济长期增长的引擎方面做出了重要贡献。这一时期的学者秉持经济增长并非由外生因素决定的共识,考察了知识溢出(Arrow,1962;Sheshinski,1967;Romer,1986;Romer,1990)、人力资本积累(Uzawa,1965;Lucas,1988)、产品质量提升(Grossman and Helpman,1991;Aghion and Howitt,1992)、劳动分工(Young,1928;Romer,1987;Grossman and Helpman,1991;Yang and Borland,1991;Becker and Murphy,1992)等内生技术进步的具体表现形式。

关于农业技术进步的理论有很多,本书第三章介绍了其中四个,分别是研究农业技术进步方向的诱致性技术创新理论,研究农业技术进步收入分配的农业踏车理论,研究如何提高农业生产率的改造传统农业理论,以及研究传统农业转型的农业发展阶段与资源互补论。20世纪30年代,希克斯首次提出了诱致性创新的概念,经过萨缪尔森和艾哈迈德等人的模型化处理,诱致性技术创新理论分析框架逐渐形成。农业经济学家速水佑次郎和弗农·拉坦使得该理论逐渐成为解释农业发展和技术进步的主流观点。20世纪50年代,德国农业学家科克伦观察到农业技术进步可能会导致农民获利减少,因此提出了农业踏车理论来解释农业技术进步背景下的农民收入分配问题。后来的学者在开放经济条件下对这一问题进行了再审视,发现该情况下并不会导致生产者收入下降。20世纪60年代,诺贝尔经济学奖得主舒尔茨提出了"改造传统农业理论",由此开创了农业生产率与农业研发(R&D)的研究分支。在这一领域,美国农业经济学家Julian Alston和Philip Pardey是两位集大成者,他们对农业R&D的话题深耕多年,发表了多篇实证和综述性论文。同样是20世纪60年代,美国经济学家梅勒针对发展中国家的农业发展提出了农业发展阶段与资源互补论,用来解释发展中国家的农业转型问题。该领域的后续研究主要关注发展中国家和发达国家农业生产率的差距,以及农业生产率对工业发展的影响两个方面。

二、测算方法

技术进步促进经济增长的思想早在古典经济学创立之时就已萌芽,然而直到20世纪50年代经济学界才实现对技术进步率及其贡献率的量化和测算。时至今日,如何对二者进行准确测算仍是国内外相关学者研究的重要课题。测算技术进步率及其贡献率,首先要明确技术进步的内涵,基于内涵的不同理解采用不同的方法。从概念上看,技术进步中"技术"即新古典经济学厂商理论中technology的概念,是基于生产前沿(或边界)而定义的。由于现实世界中真实的生产前沿不可知,只能通过对不同时期引起产出观测值变动的来源进行假定,对生产前沿进行推断。

农业技术进步有"狭义"与"广义"之分。一般而言,狭义的农业技术进步指生产前沿面随时间的推移而提高,是硬技术的进步,即生产中机械技术等实体化技术的进步。广义的农业技术进步把总产出变动中不能由实物投入要素数量变动所解释的产出变动归因于技术进步。因此,广义农业技术进步不仅包括农业生产前沿面的移动(狭义农业技术进步),还包括农业生产效率、经营管理技术、资源合理配置等非实体的软技术进步。农业全要素生产率增速在本质上属于"广义"的农业技术进步,而"狭义"的农业技术进步则可以通过数据包络分析(DEA)、随机前沿分析(SFA)等测算方法将农业全要素生产率增速进一步分解为技术进步和技术效率变动等部分,其中技术进步主要衡量生产前沿面的移动,即为狭义的农业技术进步。本书基于不同假定,将国内外现有的全要素生产率测算方法划分为索洛余值法、指数法、数据包络分析(DEA)和随机前沿分析(SFA)四种类型,并对这四种主要测算方法进行梳理评析。

索洛余值法是公认的第一种测算技术进步率的方法,也被视作全要素生产率的标准算法。索洛余值法认为在总产出增加中不能由资本、劳动力等投入要素增加而解释的部分是技术进步导致的,其核心思想是使用产出增长率扣除所有实物投入要素增长率后剩余的部分,即广义的技术进步。索洛余值通常与生产函数相结合,即通过建立适当的生产函数模型求出各投入要素的产出弹性,进而得出全要素生产率。

指数法在生产率领域主要用于测算全要素生产率变动指数(TFP 变动指数),其主要原理是运用产出指数与所有投入要素加权指数的比率,求得全要素生产率。测算全要素生产率的指数种类较多,如 Divisia 指数、Tornquist 指数、Fisher 指数和 Malmquist 指数等,其中 Malmquist 指数法的应用较为广泛。Malmquist TFP 指数通过计算每个数据点相对于通用技术距离的比率来测量两个数据点之间的全要素生产率变化。由于指数法无法对全要素生产率进行合理的分解,因此通常将不同的指数与其他测算方法相结合(如 DEA-Malmquist 法),以弥补指数法的测算缺陷,使其更具灵活性。

数据包络分析(DEA)是一种非参数的技术进步率测算方法,其基本原理在于,根据各个决策单元不同的投入产出组合,运用数学中线性规划的方法构造出一个代表最优投入产出的生产前沿面,然后比较各个生产者与生产前沿面之间的距离,从而测算出各个生产者的技术进步率。DEA 法主要可分为 CRS-DEA、VRS-DEA 和 DEA-Malmquist 等模型。虽然 DEA 法本身只能测算效率,但与一些指数结合后不仅能够测算整体的全要素生产率,还可以将其分解,进而捕捉到生产者的技术进步和技术效率变动等信息。

随机前沿分析(SFA)将全要素生产率变动视作技术进步率,在索洛余值法的基础上对生产函数进行改进,允许技术无效率的存在,并且将误差项分为生产者无法控制的随机误差(随机扰动项)和生产者可以控制的技术误差(技术无效项)。SFA 法认为生产过程并非完全有效,产量变动不仅来自技术的进步,还来自技术效率的提高,与索洛余值法类似,该方法也属于增长核算体系的范畴,特别地,该方法还能将广义的技术进步率进一步分解成狭义技术进步和效率水平的变化。以非时变效率和时变效率两类模型为代表的面板随机前沿模型在技术进步率的测算领域应用广泛,并且可以进一步演化为不同函数设定形式的多种生产率模型。

综上所述,按形式设定不同,可以将生产率模型分为以索洛余值和随机前沿分析(SFA)为代表的参数法,以及以指数和数据包络分析(DEA)为代表的非参数法。参数法能得到参数估计值及其统计量,在考虑随机因素影响的基础上,对生产无效率进一步分解,便于判断估计结果的可靠性。然而,参数法需预设生产函数的形式,对误差项服从的特定分布进行强假设,而且技术性处理环节较多,估算过程较为复杂。非参数方法无需预设生产函数表达形式,可避免残差自相关问题,而且能对全要素生产率指数进行分解,从而进一步分析经济增长的动力来源。然而,非参数法对数据质量的要求较高,异常值会影响生产率测算结果,而且无法获得测算可信度的相关统计量。在四种技术进步率测算方法中,索洛余值法和指数法出现较早,发展历史悠久。在应用的过程中,针对索洛余值法使用固定生产前沿的缺陷,允许技术无效率项存在的随机前沿分析(SFA)得以迅速发展;针对指数法无法对全要素生产率进行合理分解这一问题,数据包络分析(DEA)使用数学中的线性规划法构造出一个代表最优投入产出的生产前沿面,进而对技术进步率进行测算和分解。

三、实证研究

第三部分主要总结了新中国成立七十年来农业技术进步与生产率的实证研究。第八章主要关注改革开放前的农业技术进步率水平,并对影响这一时期农业技术进步率的可能原因进行了总结。国内外学者的研究结论较为统一,均发现改革开放前的农业技术进步率较低,甚至处于停滞的状态。对这一时期农业技术进步率较低的解释主要分为以下几点:第一种解释认为农业科研能力和成果的缺乏,尤其是高端农业技术人才的缺乏和农业科研投入强度的不断下降是导致这一时期农业技术进步率停滞的原因;第二种解释则认为导致这一阶段农业技术进步率停滞的主要原因并非农业技术进步的停滞。这一时期矮秆水稻广泛推广,杂交良种技术迅速发展,13套大化肥设备的引进极大提高了亩均化肥施用量,机电灌溉面积扩大了3.05倍。真正导致这一阶段农业技术进步率停滞的主要原因是当时的制度约束,生产队体制下的农业生产无法发挥现代农业技术应有的价值。

第九章主要归纳了不同研究对改革开放以来农业技术进步率的测算结果。从方法使用上看,早期主要以索洛余值法为主,随着方法的不断发展,数据包络分析和随机前沿分析逐渐成为农业生产率测算的主流方法。从测算结果来看，学者们对部分阶段农业技术进步率达成了一致共识，比如家庭联产承包责任制阶段（1978—1984 年），不同方法的测算结果均显示这一阶段的农业技术进步率较高，主要原因一方面是家庭联产承包责任制解决了生产队体制的激励不足问题，二是主要农作物政府收购价（统购牌价和超购加价）提高等一系列的市场化导向政策。对于改革开放后的第二阶段（1984—1989 年），不同方法的测算结果也较为一致。与第一阶段相比，这一阶段的技术进步率出现了明显下滑。对这一阶段技术进步率下滑的原因解释主要分为以下三种，但政策启示却截然不同：第一种解释认为家庭联产承包责任制带来的制度红利在第一阶段已经释放完毕，因此第二阶段的农业技术进步率下滑是可以接受的。第二种解释认为政府的市场化改革在这一阶段不断摇摆，导致这一阶段广义农业技术进步率下滑。第三种解释认为这一时间段部分地区乡镇企业的快速发展吸收了农村的大量青壮年劳动力，导致农业生产中人力资本水平的降低。进入 20 世纪 90 年代后，不同研究的测算结果出现了分歧，这一分歧的主要原因来自两个方面：一是不同的研究所采用的数据不同，省级数据、县级数据和农户层面数据在计算技术进步率时的要素选择并不相同，且不同层级数据的加总可能会产生误差。二是不同的研究所采用的方法不同，索洛余值法、随机前沿分析和数据包络分析所需要满足的假设并不相同。21 世纪以来的农业技术进步率测算不断精细，主要从两个角度对相关测算进行改进，第一是从关注农业总体发展转向关注作物层面的农业技术进步率；第二是通过改进方法，放松原有方法的假设，使其更加符合改革开放以来中国农业发展的实际情况。

第十章梳理了改革开放以来影响农业技术进步率的主要原因。广义农业技术进步率主要可以分解为狭义农业技术进步和技术效率的变化。狭义农业技术进步主要来源于技术进步，而技术效率的提高则更多地依赖于制度改革。科技进步是提高农业技术进步率最为重要的推动力，得到了学术界的广泛关注。这类研究主要分为两种：第一类研究是将科研投入作为整体，估算科研投入对农业技术进步率的影响大小。相关研究的结论显示，科研投入对农业技术进步率的提高起到了显著的正向作用。同时，改革开放以来中国农业科研基金的绝对数值不断上升，但与发达国家相比，农业科研投入强度仍然存在较大的提升空间。第二类研究是以具体的某项农业技术为例，实证评估了该项技术对农业技术进步率的影响，其中以杂交水稻和转基因棉花为代表的种子创新对推动改革开放以来我国农业技术进步率的提高起到了关键作用。

广义技术进步率中技术效率的提高则更多地依赖于制度改革，相关研究集中在两个方面:一方面是农业技术研发与推广体系的改革。相关研究的结果显示 20 世纪 90 年代的农业技术推广商业化改革降低了小农户对公共技术服务的可获得性,而 2005 年以来的农技服务推广体系更加注重以服务小农为中心。另一方面是要素市场制度扭曲的改善。改革开放以来的渐进式改革策略使得农地流转和劳动力的非农转移始终面临着产权制度和户籍制度的约束,一定程度上抑制了中国的农业技术进步率。除了科技进步和制度改革两大要素之外,其他影响农业技术进步率的因素还包括人力资本的提高、农产品市场化改革的深入等。总的来看,科技进步和制度改革仍然是进一步提高中国农业技术进步率,实现农业可持续增长的主要驱动力。如何提高科研成果的含金量和转换率?如何进一步降低要素流动的约束,提高整体的资源配置效率?对这两个问题的回答值得学术界和政策界进一步深入探讨。

第十一章将新中国成立七十年来的农业技术进步研究提炼为四大重要专题。第一个专题是中国农业技术进步研究的历史进程,重点梳理了改革开放以来中国农业技术进步研究的重要节点。改革开放初期,以安希伋、沈达尊、朱希刚、顾焕章为代表的老一辈农业技术经济学家将我国的农业技术经济研究从定性方法推向了以索洛余值法为代表的定量方法,强调了构建农业技术经济效益测定方法和指标体系的重要性,并制定了政府部门测算农业技术进步率的标准。20 世纪 90 年代开始,以林毅夫、樊胜根、黄季焜、金松青等为代表的海归学者利用与国际先进技术接轨的研究方法和规范的现代经济学研究范式开展了一系列颇具影响力的研究。总的来看,中国农业技术进步研究逐渐由定性阐述走向定量实证,由研究相关关系走向追求因果关系,由立足本土到走向国际。

第二个专题是家庭联产承包责任制对农业生产的影响。家庭联产承包责任制在中国农业经济发展进程中扮演着里程碑式的作用,准确估计这样一次重要制度改革对经济绩效的影响具有重大意义。自 20 世纪 80 年代开始,家庭联产承包责任制实施的绩效得到了发展经济学和农业经济学的广泛关注,早期研究通常以各省家庭联产承包责任制生产队占比作为制度改革的代理变量,研究结论普遍表明家庭联产承包责任制有效推动了这一时期的农业技术进步率提高。21 世纪以来,关于家庭联产承包责任制的研究主要从两个方面进行了推进:第一个是数据层面上从省级数据进一步细化为县级数据;第二个是引入了以渐进DID 为代表的因果识别方法,解决家庭联产承包责任制推进中,地区选择不随机的问题。在使用更新的方法和数据后,研究结论仍然较为一致,即家庭联产承包责任制的实施是推动改革开放初期中国广义农业技术进步率的最主要动力。

第三个专题是诱致性技术创新理论的中国实践。主要由速水佑次郎和弗农·拉坦提出的诱致性技术创新理论是农业技术经济学中最重要的理论之一，对解释农业技术进步的方向有重要作用。根据要素禀赋的动态变化，诱致性技术创新理论在中国农业领域中的运用主要可以分为两个阶段，第一阶段主要以土地生产率为目标导向(1978—2004 年)，第二阶段主要以劳动生产率为目标导向(2004 年至今)。两个阶段发生转折的主要原因在于改革开放初期，农村存在大量的剩余劳动力，由于大量的劳动力附着于土地，土地的边际生产价值更高，第一阶段的技术进步主要着眼于以杂交种子为代表的土地节约型进步。随着非农就业机会的不断增多和户籍制度的渐进式放开，农村剩余劳动力逐渐消失，农业劳动力的价格不断上涨，机械对劳动力的替代成为第二阶段农业发展的主要特征。

第四个专题是总结了中国农业生产率收敛的一系列研究，罗伯特·巴罗提出的收敛分析框架是这一类研究的理论基础，主要分为 σ 收敛、β 收敛和条件 β 收敛。关于中国农业生产率的一系列研究得出的结论主要为以下两点：一是生产率的(绝对)收敛在中国农业领域较难实现，无论是地区层面还是作物层面的数据都论证了这一点。二是条件 β 收敛在中国农业生产率的收敛研究中通常成立，由此可证明灌溉基础设施、人力资本水平、科研投入等因素有利于缩小地区间的农业生产率差异，实现区域间的协调发展。进一步研究的突破点主要在于利用因果识别方法实证研究收敛的机制，而不只是测算是否收敛这一结果。

四、存在的问题与改进方法

想要准确测算农业技术进步率，理论模型、实证方法和数据三方面缺一不可。已有文献在这三个方面都存在一定的问题，本书在这一节就目前文献中存在的问题进行梳理，同时也提出了一些可能的改进方法和改进方向。

(一)如何匹配现有经济增长理论

在理论方面，现有农业技术进步率的测算一般基于新古典框架下的生产函数模型。然而随着内生增长理论和诱致性技术创新理论的提出，固定系数的生产函数模型已经与理论有所脱节。新古典增长核算模型由索洛(Solow，1957)首次提出，他通过该模型估计出了"全要素生产率增长率"(即索洛余值)，将技术进步等同于全要素生产率的增长(即产出增长中无法用劳动或资本投入要素增长所解释的部分)，并对技术进步率进行了测算。索洛增长核算法的出现，引发了一系列实证研究热潮。已有农业技术进步率测算方法也主要基于索洛等人的新古典增长框架,其中一个最主要的特点是以柯布-道格拉斯函数为代表的各产出弹性不变的假设。然而新古典增长理论将经济增长的动力归结于外生的技术因素,却不去解释各国技术进步的差异,一方面强调技术进步的作用,另一方面却又忽视技术进步的来源。内生增长理论对技术进步的源泉进行了进一步探索,一定程度上弥补了新古典增长理论的缺陷。

然而,与内生增长理论匹配的计量经济模型仍未完全开发,这也是国内农业经济学者仍然大量沿用新古典增长模型核算农业技术进步与生产率的主要原因。Barro(1999)指出由于溢出效应和技术外部性,劳动和资本的产出弹性在宏观层面可变,进一步导致规模效益可变。不仅如此,现实中溢出效应在时间维度和地区维度存在差异和变化,这意味着各投入要素的产出弹性也随时间和地区变化。然而,在现有农业生产函数框架内,如何度量这种溢出效应亟待研究。除了匹配内生增长理论之外,讨论技术进步方向的诱致性技术创新理论认为,由于资源禀赋的差异和相对价格的差异,各地区的创新方向受其诱致,呈现出差异化的技术进步和农业发展路径,也会导致各投入要素的产出弹性随时间和地区而变化。

由此可见,开发出与内生增长和诱致性技术创新等理论匹配的农业技术测算方法至关重要。部分学者采用成本份额法确定投入要素的产出弹性,然而该方法仍然无法突破规模报酬不变的强假定。还有部分学者利用超越对数等形式的生产函数在一定程度上放松投入弹性不变的假定,但超越对数生产函数的弹性仍然要服从一定的前提假设(弹性服从柯布-道格拉斯形式)。Gong(2018a)构建了变系数生产函数(产出弹性可以随时间和产业结构而变化),描绘了中国自1978年农村改革以来农业投入产出关系的演化。在时间维度上,Gong(2018a)发现1978—2015年中国农业生产的四种投入要素的产出弹性随时间变化的趋势明显,其中劳动力弹性下降,土地弹性呈U形变化,化肥和农机弹性增加。总体而言,呈现农机替代劳动力和化肥替代土地的趋势,为诱致性技术创新理论提供证据。在空间维度上,该研究发现中国东部省份农业产出弹性差异较大。在全球尺度下,Gong(2020)同样利用变系数生产函数(产出弹性不仅随时间和产业结构而变化,还随科研投入和国际贸易而变化)测算了1960—2014年全球107个国家农业生产关系的变化情况。该研究不仅发现规模报酬随时间递增,还发现了资本替代劳动、化肥替代土地的证据,印证了内生增长理论和诱致性技术创新理论,并为适宜技术理论提供了新的证据。

（二）如何厘清技术进步的驱动机制

随着经济增长理论的不断完善和发展，技术进步不再被认为是外生给定的。究竟哪些因素会影响技术进步？内生增长理论在厘清技术进步和经济增长的驱动机制方面做出了探索。增长核算法（growth accounting）被广泛用于计算经济增长中投入要素变化的贡献和全要素生产率增长的贡献（即技术进步贡献率，也是索洛余值）。然而，这种传统的方法只是将产出的增长进行了简单的分解，分别估计每个增长驱动因素对产出的总体影响，而将所有可能的影响途径归结在用索洛余值衡量的全要素生产率增长中。打开索洛余值的"黑箱"，厘清技术进步的驱动机制，成为从理论上拓展技术进步测算的重要研究分支。

Gong（2020）基于上述问题拓展了增长核算模型，打开全要素生产率的黑箱，将其分解为"与各投入要素相关"（input-embedded）部分和"与投入要素无关"（input-free）部分。与传统增长核算法相比，新增长核算模型从理论上分解了全要素生产率，不但能测算某种因素对经济增长的总体影响（传统模型能够做到），还能进一步厘清其传导机制（传统模型不能做到），并基于分解结果找到刺激经济增长的最优路径。

（三）如何克服实证方法的缺陷

在实证方面，现有文献中最为广泛使用的测算农业技术进步率的实证方法是随机前沿分析（SFA）和数据包络分析（DEA），但这两种方法都存在一定的不足和缺陷。SFA 的劣势在于，函数形式的假定较强。这一缺陷使得实际投入产出关系与函数形式假定存在显著差异时，会产生较大偏误。DEA 的劣势在于，这种方法是一种基于样本数据的线性规划，没有随机扰动项控制一些非系统性测量误差和不确定性因素。这一缺陷对测算生产活动面临风险和不确定性的农业生产来说，影响较明显。

由此可见，如何克服这两种方法的不足至关重要。在弥补 SFA 理论不足方面，一些学者利用半参数和非参数的方法在理论上放松了函数形式较强的假定（Wu and Sickles，2018；Gong，2018b），仅保留了生产函数最宽松的单调性（monotonicity）和凸性（concavity）假定。还有一些学者试图将 SFA 和 DEA 方法进行结合，提出了随机数据包络分析法（Stochastic DEA）以弥补两种方法各自的缺陷。Olesen and Petersen（2016）总结了该方法的三个主流扩展方向：①扩展处理随机偏差估计偏离前沿的能力；②扩展能够处理随机噪声测量误差或规范形式错误的能力；③扩展基于数据随机变化的潜在生产可能性集（PPS）

边界。例如半参数 SFA 法（semi-parametric SFA）（Banker and Maindiratta，1992），随机非光滑数据包络分析法（Stochastic Nonsmooth Envelopment of Data，StoNED）（Kuosmanen and Johnson，2010；Kuosmanen and Kortelainen，2012）。除此之外，为了弥补 DEA 的不足，还有一些学者将随机扰动项引入 DEA 提出了机会约束数据包络分析法（Chance Constrained DEA，CCDEA）。

（四）如何选择合适的实证方法

上节提到，SFA 和 DEA 方法各有优劣。随之而来的一个关键问题是，如何根据研究问题的不同，以及根据研究问题与两种方法前提假设的契合程度选择合适的全要素生产率测算方法？农业生产与工业生产相比的一个特殊之处是农业生产更易受到气候、自然灾害等影响，具有较大的风险和不确定性。SFA 方法拥有随机扰动项，能够控制这些因素，可能更为合适。而在多部门协作和产业链较长的投入产出关系中，简单函数形式的设定可能会与实际生产关系不符，因此 DEA 可能更适合农业食品系统全产业链（生产、加工、流通、销售）的分析。另外，不管是 SFA 还是 DEA 都有很多种细分的模型，因此在确定使用 SFA 或 DEA 方法后还要选择不同的模型设定（specification）。在 SFA 模型中，由于生产率可以是时变的也可以是时不变的，众多学者根据这一假定的不同发展了一系列模型和估计方法，例如 Cornwell et al.（1990）、Battese and Coelli（1992）、Greene（2005）、Alminidis and Qian（2014）等。SFA 的模型选择一般根据研究对象的效率缺失项 u_{it} 分布进行判断。如果无法从产业特性的角度进行模型选择，那么某些信息准则（例如贝叶斯信息准则 BIC 和赤池信息准则 AIC）可以作为检验不同备选模型拟合优度的工具，提供模型选择的参考。

有些情况下某些行业的生产情况较为复杂，某种单一模型可能无法进行刻画。此时可以利用模型平均法对各个备选模型的解释能力赋予权重，让数据来说话。龚斌磊（2018）研究中国农业生产率时的备选模型有固定效应模型（FE）、随机效应模型（RE）、CSS 模型和 KSS 模型。FE 和 RE 假设生产率不随时间变化，而 CSS 模型和 KSS 模型允许时间变化。CSS 模型基于估计方法的不同又可以分为 CSSW（基于组内估计）和 CSSG（基于广义最小二乘估计）。KSS 模型是一种半参数估计方法。该研究首先利用 HAUSMAN 检验在 FE 和 RE 中选择了 FE，随后利用刀切模型平均法（Jackknife-based Model Averaging Method）赋予剩下的四种模型以不同权重，最后利用加权平均的结果测算出了我国 1990—2015 年的农业生产率。

（五）如何选择和界定投入产出变量

测算农业技术进步时，数据方面要思考的两个重要问题是，应该选择哪些投入产出变量？这些数据能否真正刻画农业生产的投入和产出？就这两个问题，现有文献尚存在四个方面需要改进。

第一，投入产出变量的匹配性问题。随着农业统计数据的不断完善，大量学者利用中国省级面板数据测算了广义农业技术进步率。农林牧渔总产值因为其定义清晰且可获性高而被许多学者选为产出变量的代理，但由于在我国的农业数据中，种植业的投入变量统计相对完善，也有部分学者选择采用种植业总产值或主要粮食作物产值作为产出变量（Lin，1992；Huang and Rozelle，1996）。与农业总产值作为产出变量相对应，在投入变量选择方面，劳动力和土地两个变量毋庸置疑，差异在于不同学者对于中间投入的选择。具体来说，中间投入通常会包括化肥，不同学者处理上的异质性主要体现在种子、农药、饲料等其他中间投入上。还应注意的是，投入变量是否包括中间投入品取决于产出变量是增加值还是总产值。如果农业产出变量是农业总产值，则需要包括化肥等中间投入品；如果农业产出变量是增加值，说明产出中已经剔除了中间投入，则投入要素中也不需要包括中间投入。选择农林牧渔总产值作为产出变量需要注意的一个问题是，该产出变量由农、林、牧、渔四个子产业的产出构成，而投入变量大部分只能覆盖种植业。在畜牧业和渔业越来越重要的今天，这种方式衡量出的农业技术进步率会产生较大偏误。为解决畜牧业等其他子产业投入变量缺失问题，现有文献通常分产品类型或分产业测算农业 TFP（Ma et al.，2004a；Ma et al.，2004b；Rea et al.，2006；Ma et al.，2007；Jin et al.，2010；Sheng et al.，2020；苏时鹏等，2012；沈金生和张杰，2013；陈向华等，2013；易青等，2014；梁剑宏和刘清泉，2015；苏时鹏等，2015；于占民，2017；崔姈等，2018；乐家华和俞益坚，2019）。

第二，投入要素存在遗漏变量问题。即使只关注种植业，我国农业技术进步率的相关研究中选择劳动力、土地、农机、化肥四种投入要素也存在遗漏变量。作为对比，美国农业部公布的美国农业投入要素包括了劳动力、土地、资本和中间投入（Gong，2018c）。其中，农业资本的变量除了农机，还包括其他耐久设备、农用建筑和库存；中间投入的变量除了化肥，还包括饲料、种子、能源、农药、服务费用及其他中间投入。而我国统计年鉴中农药、能源等投入要素数据的缺失值较多。因此如何补齐这些数据至关重要。现有的测算和研究中国农业 TFP 的文献一般基于宏观统计数据，最常见的一类是使用包含省级面板的年鉴数据，例如《中国统计年鉴》、《中国农村统计年鉴》、《中国畜牧业统计年鉴》

等。还有一类是利用《全国农产品成本收益资料汇编》进行分作物的核算，《全国农产品成本收益资料汇编》是我国各级价格主管部门和棉麻、烟草、蚕茧、中药材、渔业、林业等行业主管部门对全国 1550 多个调查县（市）约 6 万个农户的典型调查汇总数据，但仍能刻画农户层面的生产信息，是目前较为全面刻画中国农业投入产出关系的数据资料。许多学者基于这套数据测算中国农业 TFP 和进行国际比较（Huang and Rozelle，1996；Jin et al.，2002；Ma et al.，2004a；Ma et al.，b；Rae et al.，2006；Jin et al.，2010；Wang et al.，2013；Sheng et al.，2020）。在《全国农产品成本收益资料汇编》中，生产成本被细分为物质成本和劳动力成本，其中物质成本又由种子费、肥料费、农膜费、农药费、外包服务费、燃料动力费、保养和维修费构成。因此可以通过加总得到省级整体农业的详细投入信息。

第三，数据测量偏误问题。即使是通常使用的劳动力、农机等数据，也存在测量不准确的问题。Sheng et al.（2020）提出了现有文献中测算中国农业全要素生产率的偏误在于产出、劳动力和资本的衡量，为此他们使用三组数据对中国种植业和畜牧业生产进行了核算。在劳动力投入量衡量方面，文献中经常利用农林牧渔从业人数作为劳动力投入量，但在"半工半农"现象日益增多的今天，该数据往往不能准确反映劳动投入的工时数。Sheng et al.（2020）将劳动力分为雇佣型和自用型，并且基于《全国农产品成本收益资料汇编》数据得到了各自的工资水平。在资本投入量方面，现有文献一般采用农机总动力指标测算。虽然农业机械是农业生产中最主要的资本投入，但该指标主要衡量的是数量，难以反映资本结构和质量变化。Sheng et al.（2020）首先估算了每项可折旧资产的资本存量作为过去固定资产投资的权重，然后通过租金价格将资本存量转化为资本服务（Ball et al.，2016）进行衡量。

第四，对其他因素角色的界定问题。对于"其他因素"，第一个方面是，灌溉、财政支出等变量究竟是作为投入要素还是作为影响技术进步的因素？前者将这些变量作为投入要素直接纳入生产函数。后者一般在测算出全要素生产率后，将这些变量作为影响全要素生产率的解释变量进行回归。现有文献对这两种方法的使用均存在。第二个方面是，温室气体排放和污染排放变量在变量界定时应当作投入要素还是一种非期望产出要素？在农业生产的过程中，一方面畜牧业的发展和农业机械的使用会产生温室气体，另一方面农药和化肥的使用会产生污染。在早期文献中，这些变量往往被忽略，没有被纳入生产函数。随着环境保护和绿色发展的理念深入人心，越来越多的学者在构建农业生产函数时也开始考虑温室气体排放和污染排放。Ebert and Welsch（2007）指出，部分学者将这些变量视作产出变量中的非期望产出（bad output），而其他学者则认为这些变量应该作为投入要素并纳入生产函数。

五、未来展望

经过数百年的发展，以新古典增长理论、内生增长理论、诱致性技术创新理论、改造传统农业理论为代表的经典理论为解释近现代世界农业发展提供了强有力的支撑；以索洛余值与生产函数法、指数法、数据包络分析和随机前沿分析为代表的技术进步率测算方法为相关研究的开展提供了重要的方法指引。在中国农业技术进步与生产率研究中，国内外学者运用上述理论和测算方法研究了新中国成立后尤其是改革开放以来的农业技术进步状况，并分析了包括科研投入、制度变革、国际贸易在内的农业与非农因素对农业技术进步的影响。长期以来，关于中国农业技术进步历史进程的研究、关于制度变迁对中国农业技术进步影响的研究、关于诱致性技术创新理论在中国农业发展实践的研究以及中国农业生产率收敛研究是中国农业技术进步和生产率研究的四个主要方面，取得了较为丰硕的研究成果。

然而，随着时代的变迁，我国持续推进农业技术进步和农业高质量发展，在此过程中面临着新的课题和挑战，需要不断跳出传统研究的框架，更多聚焦于事关人类发展、民生福祉的重大议题，实现农业技术进步和生产率研究与人类社会发展前沿相衔接、相适应。本书选择了气候变迁与气象灾害对农业生产的影响、传染病与重大公共卫生事件对农业发展的作用、农业生产中的空间相关性和溢出效应、信息技术与数字经济对"三农"的影响等四个方面的热点话题，总结了现有研究的进展，探讨将新事物纳入生产率研究模型的方法，并尝试指出上述热点领域的研究方向。

第一个热点是气候变化与气象灾害对农业部门的影响。关注气候变化和气象灾害对农业的影响，一方面是出于农业本身易受自然气候影响的特性，另一方面更是出于现阶段因人类活动和自然地理变迁所导致的气候变化程度加深和气象灾害频数增加的现实。农业对自然环境高度的依赖性以及自然环境变迁和气象事件冲击程度加重的双重背景，使人们不得不关注气候变化和气象灾害对农业的影响。与一般自然科学研究气候变化对农业影响所使用的范式不同，经济学基于理性人的假设，把农业生产的投入产出成本纳入考量，利用多年实际观测的气象数据和社会经济统计数据，考察气候变化对农业生产的影响，同时考虑人类的行为反应,从而增强了研究结论在社会经济运行方面的解释力。大量学者为精确度量气候变化背景下的农业生产率发展付出大量努力,早期研究曾使用土地价值和李嘉图模型、土地生产率作为气候变化背景下农业发展的度量。但李嘉图模型存在不能将气候变化的影响落实到特定作物、无法进行因果识别等问题,它的整体可靠性受到了挑战;单产虽然具有清晰明了、易于计算的特点,但它只考虑一种投入,不反映全部要素投入的效能。因此,近年来,越来越多的研究开始考虑全要素生产率这一衡量农业部门的技术进步和技术效率的综合性指标,并将其引入气候变化和气象灾害对农业影响的模型。从研究的内容上看,这一领域的研究主要围绕单一气候要素(比如降水、气温)或综合性气候要素以及气象灾害对农业要素投入、单产、生产率、粮食安全、农业生产的短期冲击与长期适应性影响等重要议题。这些研究的结论尚未统一,不同研究的模型构建五花八门,尚处于整合发展期,依然有较大的拓展空间。从研究的方法上看,"两步法"被广泛使用,这一种方法首先使用生产函数模型计算农业全要素生产率,然后建立解释变量包含气候要素的农业全要素生产率的决定模型,从而考察气候因素对农业生产率的影响。除此之外,还有学者将气候因素直接纳入生产函数进行一步法的研究。

第二个热点是传染病与重大公共卫生事件对农业部门的影响。21世纪以来,非典(SARS)、甲型H1N1流感、埃博拉病毒(Ebola)等传染病的连续爆发引起了全世界对于传染病疫情与重大公共卫生事件的关注,而新冠肺炎疫情(COVID-19)在全球范围内的肆虐更是造成了重大生命健康和经济损失。传染病疫情是一场健康危机,它也可能成为一场经济危机,给各个经济部门带来严重的经济损失。作为各经济部门中与人类生命健康直接相关的部门,农业受传染病疫情的影响尤为关键。近年来,许多研究聚焦重大公共卫生事件对农业生产力的影响,这些研究体现了传染病和重大公共卫生事件对农业部门影响机制的共性,即通过改变投入要素的利用率和生产率影响农业产值。从宏观层面看,随着病毒的传播、病例的增加和措施的收紧,全球粮食系统尤其是欠发达地区以及粮食高度依赖进口的地区将面临巨大的考验和压力,甚至可能导致粮食危机。从微观层面看,传染病疫情从食品供应链的各环节影响农业部门。比如,传染病疫情直接导致农业劳动力的短缺,这不仅体现在劳动力的直接损失,还体现为因相关人员的照顾活动以及隔离和限制措施导致的有效劳动时间的下降。劳动力的减少与土地投入下降密切相关,这种土地投入的下降不仅体现为直接意义上耕种面积的减小,还体现为土壤维护时间的下降所导致的土壤质量的下降。物流和供应链中断还有可能导致农民难以获取化肥、种子、农机等其他农业生产资料。另外,交通限制和运费上涨可能阻碍农民生产的农产品进入市场,给以农业为主要收入来源的家庭带来重大的冲击。上述研究主要是从短期层面考虑的,从长期层面看,有学者发现,为应对疫情导致的劳动力短缺的问题,农户可能会将种植结构从劳动密集型转移到低劳动密集型。上述研究主要围绕农业产出的总量层面和投入要素的总量层面,而围绕重大公共卫生事件对农业生产率的影响以及背后机理分析的研究相对较少,因此,这一领域尚具有较大的拓展空间,也具有重大的现实意义。

第三个热点是不同地区农业生产中的空间相关性与溢出效应。随着中国的农业市场体系逐渐完善,农业投入要素和产出的跨区域流动性越来越大。同时,伴随着空间计量经济学的兴起,研究农业生产中地区间的相互影响和相互作用已具备理论和技术条件。问题的现实性和技术的可行性使越来越多的学者将空间计量方法引入生产函数和生产率研究,考察农业生产的空间效应。从研究的尺度看,这一领域既有一国之内省级层面的研究,也有全球范围内国家层面的研究。从研究的内容上看,这一领域的研究基于各地地理、经济等维度距离构建了空间权重矩阵,以此衡量各省农业生产中相关性的强弱,所涉及的主要议题包括区域间竞争对区域农业发展的影响、区域间要素禀赋和产业结构的差异对区域农业合作的影响等多个方面。总而言之,这一领域研究从内容上看主要关注一些具有空间相关性的经济社会因素对农业发展的影响,该领域作为当前农业经济研究的前沿,在技术与方法上的边际改善大于对问题发掘层面的边际改善,学界研究普遍使用新模型,对经典的问题情境进行更为严谨可靠的研究。

本书聚焦的最后一个农业经济前沿热点问题,是信息技术和数字经济对农业生产的影响。近年来,信息技术和数字经济的发展已经成为中国经济转型中的重要战略。"三农"的发展需要插上信息技术与数字经济的"翅膀",关于信息技术和数字经济对"三农"影响的研究文献已成为发展经济学和农业经济学中迅速兴起的一支文献。从更广阔的视角看,数字经济是信息化在新时期的具体体现,与传统的信息化要素具有一脉相承性。基于这一认识,学界在研究数字经济这一新兴事物对农业农村发展影响时,首先研究的是传统的信息化要素对农业农村发展的影响,并寻找现代数字经济与传统信息化要素之间的继承和发展关系。具体而言,学界的研究主要聚焦两个方面:一个是宏观层面信息技术和数字经济对区域农业生产率的影响,另一个是微观层面信息技术和数字经济对微观主体(农户)福利的影响。当前,宏观层面的研究在数据上以省级农业面板数据为基础,并广泛使用"农村居民家庭每百户电话机拥有量"等可获性较强的指标为信息化的代理变量。一些研究发现,信息化只有在地区内人力资本水平达到一定程度后，才能发挥对农业全要素生产率的正向影响。但这些研究的结论一方面可能具有内生性，另一方面在指标的构建上具有一定的随意性，因而这一领域更为严谨的研究集中在微观层面。由于微观主体一般是信息化硬件基础的被动接受者，因此内生性问题得到了很大程度的避免。这一领域早期主要关注信息技术对信息不对称状况的改善以及通过这一改善对农产品销售的影响。近年来，这一领域开始围绕以移动电话使用、互联网信号接入为代表的信息与通信技术（ICT）在农业生产、农民收入、农村转型等方面的影响，以及聚焦电子商务对农民生产和收入的影响。信息技术和数字经济在加速信息传递、缓解主体间信息不对称问题、降低交易成本、提升经济绩效等方面的作用不言而喻，但信息技术和数字经济在人力资本水平相对较低的农业部门的应用，也有可能因产生"数字鸿沟"而使农业农村发展受到意想不到的负面影响。上述来源于数字经济广泛实践的截然不同的观点需要学术界通过更为严谨、全面的研究加以回应。未来，研究者需要结合传统信息化要素的共性和数字经济的共性，提出适用于研究数字经济和信息技术对农业农村发展影响的具有全面性、适用性和开创性的理论。同时，在实证研究层面解决数字经济发展与区域经济表现的内生关系问题，并将以淘宝、拼多多等为代表的电商平台的大数据与应用微观计量方法结合，构建可信度较高的数字经济指标和更为科学的因果识别模型，这将成为重要的研究方向。

参考文献

[1] 陈向华，耿玉德，于学霆，等. 黑龙江国有林区林业产业全要素生产率及其影响因素分析. 林业经济问题，2012，32(1)：50-53，59.

[2] 崔姹，王明利，石自忠. 基于温室气体排放约束下的我国草食畜牧业全要素生产率分析. 农业技术经济，2018(3)：66-78.

[3] 龚斌磊. 投入要素与生产率对中国农业增长的贡献研究. 农业技术经济，2018(6)：4-18.

[4] 龚斌磊，张书睿. 省际竞争对中国农业的影响. 浙江大学学报（人文社会科学版），2019(3)：15-32.

[5] 乐家华，俞益坚. 我国渔业生产效率比较及动态分解测算——基于上市企业数据. 中国渔业经济，2019，37(6)：70-79.

[6] 梁剑宏，刘清泉. 我国生猪生产规模报酬与全要素生产率. 农业技术经济，2014(8)：44-52.

[7] 沈金生，张杰. 要素配置扭曲对我国海洋渔业全要素生产率影响研究. 中

国渔业经济，2013,31(4):63-71.

[8] 苏时鹏，马梅芸，林群.集体林权制度改革后农户林业全要素生产率的变动——基于福建农户的跟踪调查.林业科学，2012,48(6):127-135.

[9] 苏时鹏，吴俊媛，甘建邦.林改后闽浙赣家庭林业全要素生产率变动比较.资源科学，2015,37(1):112-124.

[10] 易青，李秉龙，耿宁.基于环境修正的中国畜牧业全要素生产率分析.中国人口·资源与环境，2014,24(S3):121-125.

[11] 于占民.中国畜牧业全要素生产率的测度与分析.兰州大学硕士学位论文,2016.

[12] Aghion P，Howitt P. A Model of growth through creative destruction. Econometrica，1992，60(2)：323~35.

[13] Almanidis P，Qian J，Sickles R C. Bounded stochastic frontiers with an application to the US banking industry：1984&2009. 2011.

[14] Arrow K J. The Economic implications of learning by doing. Review of Economic Studies，1962，29(3)：155-173.

[15] Ball V E，Cahill S，Mesonada C S J，et al. Comparisons of capital input in OECD agriculture，1973-2011. Review of Economics & Finance，2016，6.

[16] Banker R D，Maindiratta A. Maximum likelihood estimation of monotone and concave production frontiers. Journal of Productivity Analysis，1992，3(4):401-415.

[17] Barro R. Determinants of democracy. Journal of Political Economy. 1999:12.

[18] Battese G E，Coelli T J. Frontier production functions，technical efficiency and panel data：with application to paddy farmers in India. Journal of Productivity Analysis，1992，3：153-169.

[19] Becker G S，Murphy K K. The division of labor，coordination costs，and knowledge. Quarterly Journal of Economics，1992，107（4）：1137-1160.

[20] Borland J，Yang X K. Specialization and a new approach to economic organization and growth. An Inframarginal Approach To Trade Theory. 1992.

[21] Cornwell C，Schmidt P，Sickles R C. Production frontiers with cross-

sectional and time-series variation in efficiency levels. Journal of Econometrics，1990，46(1-2)：185-200.

[22] Udo，Ebert. Meaningful environmental indices：a social choice approach. Journal of Environmental Economics & Management，2004.

[23] Gong B. Agricultural reforms and production in China：changes in provincial production function and productivity in 1978-2015. Journal of Development Economics，2018a，132：18-31

[24] Gong B. The impact of public expenditure and international trade on agricultural productivity in China. Emerging Markets Finance and Trade，2018b，54(15)：3438-3453.

[25] Gong B. Interstate competition in agriculture：Cheer or fear? Evidence from the United States and China. Food Policy，2018c，81：37-47.

[26] Gong B. New growth accounting. American Journal of Agricultural Economics，2020，102(2)：641-661.

[27] Gong B，Zhang S，Yuan L，et al. A balance act：minimizing economic loss while controlling novel coronavirus pneumonia. Journal of Chinese Governance，2020，5(2)：249-268.

[28] Greene W H. Fixed and random effects in stochastic frontier models. Journal of Productivity Analysis，2005，23(1)：7-32.

[29] Grossman G M，Helpman E. Quality ladders in the theory of growth. Review of Economic Studies，1991,58(1)：43-61.

[30] Huang J，Rozelle S. Technological change：rediscovering the engine of productivity growth in China's rural economy. Journal of Development Economics，1996，49(2)：337-369.

[31] Jin S，Huang J，Hu R，et al. The creation and spread of technology and total factor productivity in China's agriculture. American Journal of Agricultural Economics，2002，84(4)：916-930.

[32] Jin S，Ma H，Huang J，et al. Productivity, efficiency and technical change：measuring the performance of China's transforming agriculture. Journal of Productivity Analysis，2010，33(3)：191-207.

[33] Kuosmanen T，Johnson A L. Data envelopment analysis as nonparametric Least-Squares regression. Operations Research，2010.

[34] Kuosmanen T，Kortelainen M，Sipillnen T，et al. Firm and industry

level profit efficiency analysis using absolute and uniform shadow prices. European Journal of Operational Research，2010，202（2）：584-594.

[35] Lin J Y. Rural reforms and agricultural growth in China. American economic review，1992：34-51.

[36] Lucas R. On the mechanics of economic development. Journal of Monetary Economics，1988，22(1)：3-42.

[37] Ma H，Huang J，Rozelle S. Reassessing China's livestock statistics：an analysis of discrepancies and the creation of new data series. Economic Development and Cultural Change，2004a，52(2)，445-473.

[38] Ma H，Rae A，Huang J，et al. Chinese animal product consumption in the 1990s. Australian Journal of Agricultural and Resource Economics，2004b，48(4)，569-590.

[39] Ma H，Rae A N，Huang J，et al. Enhancing productivity on suburban dairy farms in China. Agricultural Economics，2007，37(1)，29-42.

[40] Olesen O B，Petersen N C. Stochastic data envelopment analysis—A review. European Journal of Operational Research，2016.

[41] Rae A N，Ma H，Huang J，et al. Livestock in China：commodity-specific total factor productivity decomposition using new panel data. American Journal of Agricultural Economics，2006，88(3)，680-695.

[42] Romer P M. Growth based on increasing returns due to specialization. American Economic Review，1987，77(2)：56-62.

[43] Romer P M. Increasing returns and long-run growth. Journal of Political Economy，1986，94(5)：1002-1037.

[44] Romer P M. Endogenous technological change. Journal of Political Economy，1990，98.

[45] Sheng Y，Tian X，Qiao W，et al. Measuring agricultural total factor productivity in China：pattern and drivers over the period of 1978 - 2016. Australian Journal of Agricultural and Resource Economics，2020，64(1).

[46] Sheshinski E. Tests of the" learning by doing" hypothesis. Review of Economics and Statistics，1967：568-578.

[47] Solow R M. Technical change and the aggregate production function.

Review of Economics and Statistics，1957：312-320.

[48] Timo，Kuosmanen，Mika，et al. Stochastic non-smooth envelopment of data：semi-parametric frontier estimation subject.

[49] Uzawa H. Optimum technical change in an aggregative model of economic growth. International Economic Review，1965,6：18-31.

[50] Wang S L，Tuanb F，Galec F，et al. China's regional agricultural productivity growth in 1985 – 2007：a multilateral comparison1. Agricultural Economics，2013，44(2):241-251.

[51] Wu X，Sickles R C. Semiparametric estimation under shape constraints. Econometrics and Statistics，2018，6：74-89.

[52] Yang X，Borland J. A microeconomic mechanism for economic growth. Journal of Political Economy，1991：460-482.

[53] Young P T. Auditory localization with acoustical transposition of the ears..Journal of Experimental Psychology，1928，11(6):399-429.

后　记

持续推进农业农村现代化是我们党对"三农"工作的重大部署,是全面建设社会主义现代化国家的重要任务,也是实现农业农村高质量发展的必由之路。在百年未有之大变局的激荡中,为实现社会主义现代化,我国经济社会发展和民生改善比过去任何时候都更加需要科学技术解决方案,都更加需要增强创新这个第一动力。同样的,为高质量实现农业现代化,农业发展比过去任何时候都更加需要农业技术进步和生产率提升。同时,更快的农业技术进步意味着对土地、劳动力等投入要素更少的需求,直接影响我国可被用于制造业和服务业生产经营的投入要素数量,进而影响我国整体经济的转型、升级和发展。

在对农业技术进步与生产率的研究和审稿过程中,笔者深深感受到部分青年学者在研究中存在"重计量、轻理论"的问题。因此,有必要对农业技术进步与生产率领域相关的经济学和农业经济学理论基础进行回顾和梳理。同时,随着各种农业技术进步与生产率测算方法的层出不穷,部分青年学者在选择计量模型时也面临着"幸福的烦恼"。因此,有必要对各种测算方法进行归纳和比较,从而为不同数据类型情景下寻找最优模型提供依据。新中国成立后,特别是改革开放以来,我国农业发展取得了举世瞩目的成就,这促进了农业技术进步与生产率相关研究的发展。回顾和总结已有相关研究,对我们进一步开展研究大有裨益。最后,经济社会的快速发展和新兴事物的不断涌现,要求我们不断改进现有的理论框架和研究方法。因此,本书指出了现有研究存在的问题,给出了可能的改进方法,并对未来研究热点进行了展望。

这本书的出版,首先要感谢中国农业科学院农业经济与发展研究所的毛世平研究员和吕新业研究员。2019 年 7 月,两位老师邀请我为《农业经济问题》撰写一篇回顾新中国成立七十年以来中国农业科技进步研究的综述文章。正值暑假,我和张书睿、王硕、袁菱苒三位博士生一起梳理了超过 200 篇文献,在两个月时间内完成了《新中国成立 70 年农业技术进步研究综述》的初稿。此后 10 个月的时间里,我们与吕新业老师一起,对文章进行了反复推敲和打磨,最终在 2020

年第 6 期的《农业经济问题》发表。然而，我们认为一篇论文的篇幅无法完整呈现我们对这个主题的认识与理解，因此便开始了对本书的酝酿和撰写。可以说，本书正是在《新中国成立 70 年农业技术进步研究综述》一文的基础上扩展形成的。

感谢中国农业科学院农业经济与发展研究所的朱希刚研究员和南京农业大学经济管理学院的顾焕章教授。朱希刚研究员和顾焕章教授是我国老一辈农业技术经济学家中的杰出代表，都曾荣获"中国农业技术经济研究终身成就奖"。在撰写《新中国成立 70 年农业技术进步研究综述》的过程中，我们发现改革开放前的文献资料匮乏，无法全面了解和掌握我国最早从事农业技术进步研究的学者及其学术贡献。此时，我首先想到的就是求助两位老前辈。抱着试一试的心态，我联系了两位老师，没想到很快就得到了回复：顾焕章老师帮助梳理了第一代主要学者（包括安希伋、沈达尊、朱甸余等）和第二代主要学者（除了朱、顾两位老师外，还包括郑大豪、贺希萍、展广伟、刘天福、万泽璋、袁飞等）；朱希刚研究员一方面补充了刘志澄、何桂庭、牛若峰等早期学者，另一方面详细梳理了早期相关文献和教材的发展轨迹。这份宝贵的早期主要学者名单和学科发展轨迹图，使我们能够更好地梳理早期相关研究。同时，每次我向他们提问，两位大我五十多岁的老师都会通过微信给予数百字的回复。这着实让我感动，也增强了我仔细梳理早期文献供后人学习并能使他们牢记的使命感。此外，两位老师共同合作、相互欣赏，几十年的战友情也值得我学习。

感谢以林毅夫教授、黄季焜教授、樊胜根教授为代表的对我国农业技术进步和生产率研究做出过突出贡献的其他知名学者。他们的学术成果不但引领着整个研究领域的前进和发展，提升了农经在中国经济学界的地位以及中国农经在世界农经学界的地位，还科学地评估了家庭联产承包责任制、农业科技政策、农业补贴政策的效果，为农业进一步改革的方向提供了学理依据。

感谢我的博士生导师 Robin Sickles 教授以及 Robin 的导师 Peter Schmidt 教授。Peter Schmidt 教授和他的研究团队在 1977 年率先提出了随机前沿分析模型（Stochastic Frontier Analysis），并于 1984 年和 Robin Sickles 教授一起率先提出了面板随机前沿模型。在 Robin 的指导下，我也致力于生产率模型的理论拓展。可以说，我们师门在这个领域已经深耕了三代。这些训练，保证了我在开展中国农业技术进步和生产率研究过程中，可以根据其独特性改进测算方法，从而更加科学地衡量我国农业高质量发展情况。

感谢浙江大学公共管理学院和浙江大学农林经济管理学科各位前辈和同仁的大力支持，特别是黄祖辉教授、钱文荣教授、陈志钢教授、郁建兴教授和李实教授的提携与支持。这个学风优良、治学严谨、勇于创新、人才济济的集体给了我充分的学术自由和坚实的后勤保障,让我能够心无旁骛地开展学术研究。前辈和师长的谆谆教导和倾囊相授,同仁和好友的彼此欣赏和互相合作,都感动着我、激励着我。

感谢 2019 年中国农林经济管理学术年会生产率专场马恒运教授、胡瑞法教授、金松青教授、于晓华教授、盛誉教授、王晓兵教授和李谷成教授对本书的建议。在生产率专场中,我们就"中国农业技术进步与生产率:趋势与挑战"这一主题进行了开放式讨论。专家们的真知灼见对本书相关部分具有重要借鉴意义。

这本书的写作由龚斌磊主持,作者还包括我的四位博士生:张书睿、王硕、袁菱苒和张启正。呈现在读者面前的这本书,是课题组成员分工协作的成果。具体的分工为:龚斌磊负责项目整体框架的研究和设计以及部分章节的撰写;王硕负责第一部分的撰写,参与第四部分的撰写;张书睿负责第二部分的撰写,参与第四部分的撰写;袁菱苒负责第三部分的撰写,参与第四部分的撰写;张启正参与第三部分和第四部分的撰写。最后,由龚斌磊对全书进行了统稿和修改。特别感谢这四位合作者为本书花费的大量精力和时间。同时,还要感谢钱泽森、胡沛楠、李婷婷、陈可轩、李佳艺、吴予幻和赵静雯对本书的校对。

本项目得到了国家自然科学基金项目(编号:71903172),教育部人文社会科学研究项目(编号:18YJC790034),中央农办农业农村部乡村振兴专家咨询委员会软科学课题(编号:RKX202001A),浙江省哲学社会科学规划重大课题(编号:21QNYC05ZD),浙江省软科学研究计划重点项目(编号:2020C25020),钱江人才计划(编号:QJC1902008),之江青年学者课题,浙江大学中国农村发展研究院、社会治理研究院的支持。

最后,特别感谢家人对我的关怀和鼓励,他们对我无私的爱与照顾是我不断前进的动力。感谢我的父母、岳父母和姑姑,是你们为我照顾年幼的孩子,让我没有后顾之忧地撰写本书。还有我的爱人,谢谢你的体谅和支持,是你无私的爱,可以让我坚守自己的梦想和初心,谢谢你为我和家庭付出的一切。

对本书的不足之处,恳请读者给予批评指正。

龚斌磊

2020 年年末于浙大启真湖畔